智能制造——3D打印

西安培华学院学术文库

3D打印
——创想改变生活

严进龙　赵述涛　程国建　编著

西安电子科技大学出版社

内容简介

未来的制造业，从上游到下游再到消费者，一定会通过互联网在线连接，同时，产品从每家每户的客厅里直接被制造出来也完全可以实现。这是我们对未来制造业场景的描述，而3D打印正是实现这一场景的关键技术。

本书用通俗的语言讲述了3D打印技术的发展、技术原理，以及该技术在航空航天、工业生产、文物保护、教育、建筑、医疗、时尚、食品、创意家居等领域的应用，勾勒出了一个由3D打印技术带来的美妙未来。同时，在本书中笔者提出，基于大数据计算的3D打印技术，将诞生出一种革命性的“分布式制造”产业模式，进一步推动全球制造业升级。

本书将成为高校师生、3D打印创客、设计人员和工程师进入3D打印行业的重要资料，不仅可使读者更快速地了解3D打印这一新兴技术，还可使读者掌握该技术的核心知识与技能。

每一块石头的内部都坐着一尊雕像，而雕刻家的任务就是去发现它。

——米开朗琪罗

专家推荐(一)

本书是一部极具参考价值的通俗学术著作，书中介绍了 3D 打印行业最前沿的产业信息和相关技术，以及浅显易懂的行业参考数据，让每一位读者对该技术领域有更多更清晰的认识。无论是对行业从业人士、在校师生以及其他非专业人士，本书都具有很强的可读性。

本书又是一部具有前瞻性和敏锐洞察力的著作，作者在书中谈到 3D 打印与大数据相结合的分布式制造模式，将对 3D 打印产业发展具有指导和借鉴意义。

吴年强

(旅美学者，大学教授，著名材料学家)

2016 年 6 月 30 日

专家推荐(二)

如果你是汤姆·克鲁斯的粉丝，你一定对 3D 打印不会陌生。在汤姆·克鲁斯主演的电影《碟中谍 4》中，特工用 3D 打印技术在短时间内制作了一个和真人相貌一样的面具，以假乱真，最终击败反派。那么这种颇具科幻色彩的黑科技到底能不能实现呢，这本《3D 打印——创想改变生活》或许能解答这个问题。本书从介绍一些神奇的 3D 打印作品开始，带领读者回顾了 3D 打印技术的简要历史与优势，使读者初步了解 3D 打印的总体概念；随后，作者细致入微地讲解了 3D 打印的工作原理和产业链的发展，介绍了 3D 打印行业飞速发展的现状和未来展望。作者还通过对中国制造业困局的分析，引出了 3D 打印对中国制造业的重要意义。本书的最后一部分也颇具科幻色彩，从博物馆再造、未来医疗、未来建筑、未来教育、创客、大数据和分布式制造等多个方面，为我们描绘了一个 3D 打印的美好未来。

科技改变未来，希望 3D 打印技术能够更好地造福人类。

上海数造机电科技股份有限公司董事长

赵毅 博士

2016 年 7 月 1 日

序　言

人类社会正在经历着一场前所未有的大变革，这场变革的技术推手当属人工智能、3D 打印、物联网、云计算、大数据、移动计算等新兴产业。同时，深刻影响社会前进的工业 4.0 号角已经吹响，其载体就是互联网技术、信息技术、物联网技术平台，它将更多生产要素、资源要素整合到一个个智能化的平台终端，实现数字化、智能化、信息化的结合。

不同于传统制造业“车、铣、刨、磨、镗”的“减材制造”过程，3D 打印采用的是“增材制造”。其产品是按照三维数据模型，由材料层层叠加“烧结”或“黏合”而成，整个生产过程不受任何复杂结构和生产工艺限制。3D 打印市场潜力巨大、产业应用前景广阔，将超越传统产业，广泛应用于工业制造、军事、建筑、医疗、汽车等领域。3D 打印技术进入医疗领域，擦出的火花更令人惊艳。3D 打印已不再仅仅停留在打印牙齿、骨骼修复等方面，打印部分人体器官将成为常态。它还能根据大数据分析结果打印出所需的药片和私人定制的“人体骨骼”，实现个性化与精准化医疗。

工业 4.0 是继机械化、电气化和信息技术之后，以智能制造为主导的第四次工业革命。它主要是指基于信息物理系统(CPS)的技术混合使用，可让制造业向智能化转型；生产模式由集中式控制向分散式增强型控制转变，从而建立起新的、高度灵活的个性化和数字化的产品与服务生产模式。从 3D 打印技术的特点来看，不论从按照需求的个性化生产角度还是数字化生产角度分析，它都可以与工业智能制造做到极佳的契合，未来的工业领域仍将是 3D 打印最主要的市场。工业 3D 打印将变得平台化、智能化、系统化，从而可在工业 4.0 中发挥作用。

本书从3D打印的基本概念出发，阐述了3D打印技术的发展及其产业链、全球竞争态势与市场发展瓶颈；接着介绍了3D打印产业在中国的发展及其前景；最后呈现了3D打印的未来发展图景，特别是在医疗、建筑、教育等方面的应用。

严进龙在美留学多年之后毅然回国，与国内研究学者赵述涛一起投身于3D打印创业者之列，创立了上海享客科技有限公司与橡皮泥3D打印云平台(www.simpneed.com)，并在西安培华学院创客中心设立了3D打印研究中心，以实现校企融合，助推应用技术大学的转型发展。在此预祝两位创业者在3D打印行业引领潮流、稳扎稳打、取得成功！

程国建

西安培华学院创客中心主任

西安石油大学计算机学院教授

2016年7月

前　言

从1986年美国科学家Charles Hull开发出第一台商业3D印刷机开始，短短30年间，3D打印这一新技术已逐步走进我们普通人的生活。买一台3D打印机，每个家庭就可以打印出一些自己设计的小物件，这在十年前恐怕还是个科幻场景。就像十年前我们无法想象智能手机的模样一样，现在我们也无法想象十年后3D打印的模样。虽然我们还不能随心所欲地打印我们需要的所有东西，但科技就是这样，它总是给我们的生活带来意想不到的美好。

英国著名经济学杂志《The Economist》上的一篇关于第三次工业革命的封面文章全面掀起了新一轮的3D打印浪潮。文章称3D打印技术将是压倒工业社会这头骆驼的最后一根稻草，是下一次制造业革命的转折点。

3D打印技术位列对人类生活有颠覆性影响的12项技术之一，被美国自然科学基金会称为20世纪最重要的制造技术创新。据法国《回声报》6月6日报道，全球3D打印行业预计从2016年的70亿美元规模增长至2018年的128亿美元，并且到2020年在全球达到5500亿美元的经济效益。近年来，中国3D打印市场规模均保持较高增长速度，远远高于全球平均水平；预计2018年中国3D打印市场规模将超过200亿人民币；作为全球重要的制造基地，中国3D打印市场的潜在需求旺盛，未来中国将迎来3D打印发展的新浪潮。

3D打印技术引发的工业革命，将不仅仅是面向制造业的工业革命，而是一场涉及产品设计、材料、制造、流通和消费的革命。

对于所有相信眼见为实的人来说，3D 打印技术都有点未来主义的味道。科技就是这样美妙：无论你脑海中构想出多么不可思议的物品，你都可以把它制作出来！唯一阻碍我们创作的只是我们的想象力了。

3D 打印已经在引领一个时代！

笔者提出，基于大数据计算的 3D 打印技术，将诞生出一种革命性的“分布式制造”产业模式，进一步推动全球制造业升级。从本质上来讲，基于 3D 打印的分布式制造的想法，目的就在于更多地利用数字信息取代原材料的供应链条。

未来的制造业一定是在线的，也可能是在你自家的客厅里即可进行的。

技术以超乎人们想象的速度在发展，大数据技术现在已经被应用在很多领域，不单单是 3D 打印行业。通过这种跨界技术联合的方式，能够更全面地为用户提供优质的融合解决方案，这才是现在广大使用者所希望看到的。

分布式制造技术正在朝着改变人类制造和交付产品的方式而努力，因为它将有助于资源的高效使用。如果未来分布式制造技术能够推而广之，它将会打破传统的劳动力市场以及传统制造业的经济体系。

本书用通俗的语言讲述了 3D 打印技术的发展、技术原理、全球发展现状、中国 3D 打印的发展，以及该技术在航空航天、工业生产、文物保护、教育、建筑、医疗、时尚、食品、创意家居等领域的应用，勾勒出了一个由 3D 打印技术带来的美妙未来。3D 打印将使人类生活方式发生全新的改变，让社会经济结构发生质的变革。

在未来制造业，我们将需要更多具备 3D 打印思维的人来共同推动行业的发展。因此，有一本能够让更多的人通过阅读而迅速了解 3D 打印这门技术的书籍就显得格外重要。本书就是一本向非专业人群介绍 3D 打印的著作，向读者提供全面而通俗的 3D 技术解读。在书中我们第一次提出了分布式制造与 3D 打印技术相结合的理论，让读者更深层次地理解 3D 打印技术如何改变我们传统的制造方式，以及如何影响未来人类的生活方式。

这本《3D 打印——创想改变生活》将成为高校师生、3D 打印创客、设计人员和工程师进入 3D 打印行业的重要阅读资料，让人们对 3D 打印这一新兴技术有更加快速、深入的了解，同时掌握该技术必需的核心知识和技能。

最后，我们衷心地感谢西安培华学院对于本书出版给予的经费支持，感谢西弗吉尼亚大学吴年强教授给予的建设性意见，他还为本书撰写了推荐语。同时，作者也感谢各位家人、亲友和同事在背后付出的辛勤劳动。

由于书稿涉及 3D 打印技术最新行业动态和前沿技术难题，限于编者的学识和水平，书中不妥之处难免，真诚希望广大读者以各自的视角向我们提出问题和建议，以便于再版修订和不断完善，共同推动我国 3D 打印教育事业的发展！

严进龙　赵述涛　程国建

2016 年 7 月

目　录

第 1 章　什么是 3D 打印

2015 年 5 月 8 日，中国版“工业 4.0”规划——《中国制造 2025》的推出，又一次引爆了 3D 打印行业，与 3D 打印相关的新闻和概念频频出现在公众视野中，越来越多的中国民众开始了解 3D 打印，并开始尝试使用 3D 打印技术。3D 打印不仅已经渗透进我们生活的“衣食住行”各个方面，而且在工业制造、珠宝首饰、玩具设计、机器人、生物医药、建筑和城市规划、航空航天等领域都有广泛的应用。

那么，到底什么是 3D 打印呢？

1.1　神奇的 3D 打印

3D 打印是增材制造技术(AM, Additive Manufacturing)的俗称。传统的加工遵循“减材制造”的思路，多是用切割、打磨、钻孔、蚀刻等手段剔除原材料中多余的部分，最终得到成型物件。而 3D 打印则逆其道而行之，开创“增材制造”净成型的理念，借助三维数字模型设计，使用材料喷射、烧结、焊接等各种立体打印技术，来实现原料层层沉积或黏合，最终得到成型物件。由于可采用各种各样的材料，而且可以自由成型，所以 3D 打印机是名副其实的“万能制造机”。

下面就让我们一起来体验一下 3D 打印带来的造物奇迹吧！

如图 1.1 所示的物品是由塑料一体打印成型的装饰品。对于要求具有复杂的内部中空、凹陷、互锁或者有大量规则细节团的形状加工，3D 打印机是首选，甚至是唯一的制造设备。

图 1.1　3D 打印复杂形状

3D 打印技术不仅能制造独具个性的装饰品，更能将设计师天马行空的设计思想变为实物，真正做到“想到即做到”。图 1.2 所示镂空地球为金属打印，其设计灵感来源于蜂巢。

图 1.2　橡皮泥(Simpneed.com)为中南大学校友设计并金属打印的礼品镂空地球

3D 打印机不仅可以打印宏观物体，也可以打印非常精密的微小物体。英国艺术家乔恩迪·赫维茨(Jonty Hurwitz)利用突破性的 3D 打印技术，花费 10 个月时间设计、创造出 7 个大小仅相当于人类头发丝宽度一半的微雕人像，并在用于检查癌细胞的显微镜下呈现了出来，称之为“纳米雕塑”。图 1.3 所示为微雕放在缝衣针的针孔上。(图片来源：每日邮报)

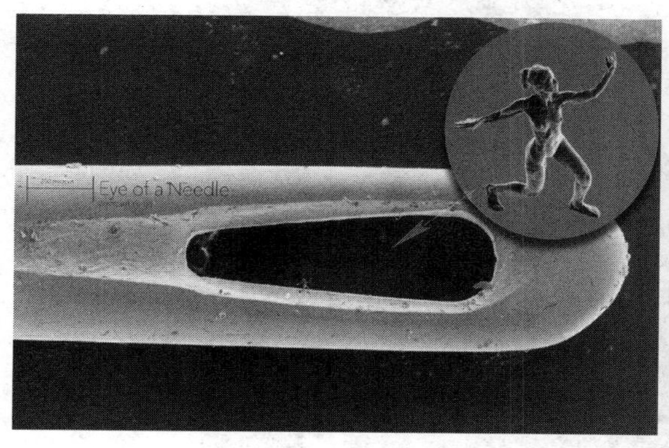

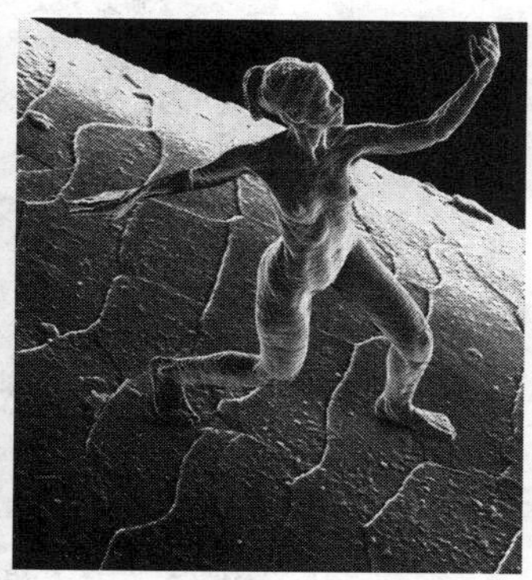

图 1.3　纳米级 3D 打印微雕

在未来，3D 打印技术将彻底改变食品的生产制造方式。在这种变革的潮流下，很多事情都会发生重大转变，比如战场上军人获得食物的方式，普通家庭中做出一顿美餐所花费的时间等。比如，用户可以从一大堆在线菜单数据库中选择自己想要的食品，然后将装有对应原料的墨盒装进家里的 3D 打印机，再按下启动键，就能得到一碟美味的菜肴了。而且，这些 3D 打印食品中的营养素完全可以实现定制化。图 1.4 为 3D 打印机打印出的食物——各种糕点。(图片来源：网易探索)

图 1.4　3D 打印机打印出的食物

1. 生物医药

失去肢体的一部分对任何一个人来说都是巨大的创伤。现在，3D 打印技术正在给截肢者带来福音。3D 打印利用 3D 扫描仪取得截肢

部分的详细数据，非常精细地打印出缺失部分，能与人体达到完美的贴合，并且可以根据用户需求打印出完全个性化的假肢。图 1.5 为 3D 打印机打印出的各种假肢。

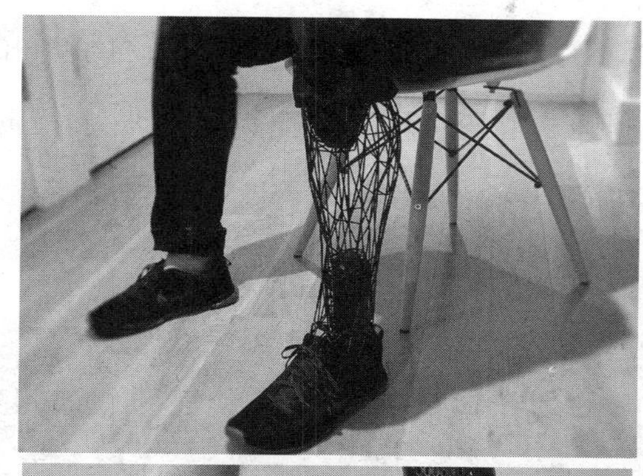

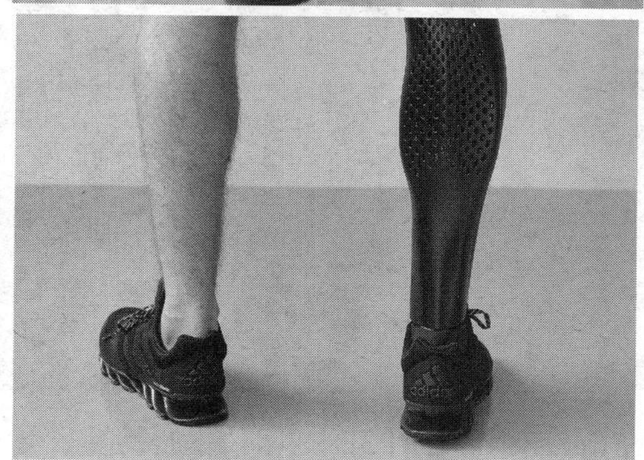

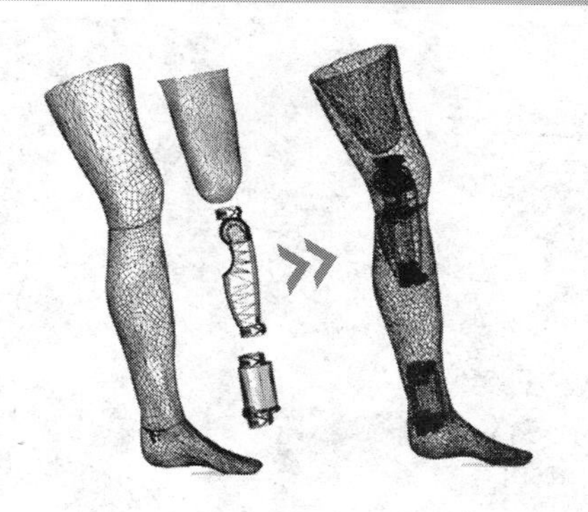

图 1.5　3D 打印机打印出的假肢

在个性化消费的浪潮中，个性化健康方案无疑是一个大趋势。尽管 3D 打印技术在生物医学界的应用属于起步阶段，但短短数年的发展已有不少令人叹为观止的成果。除了义肢、假牙、骨骼支架等没有生命特征的产品，科学家们已开始着手研究具有活性的人体细胞组织和器官，抑或在将来大面积填补器官移植的缺口。与此同时，3D 打印已在临床医学中开启了“精准医疗”、“定制健康”的时代。图 1.6 和图 1.7 为 3D 打印的真实示例。

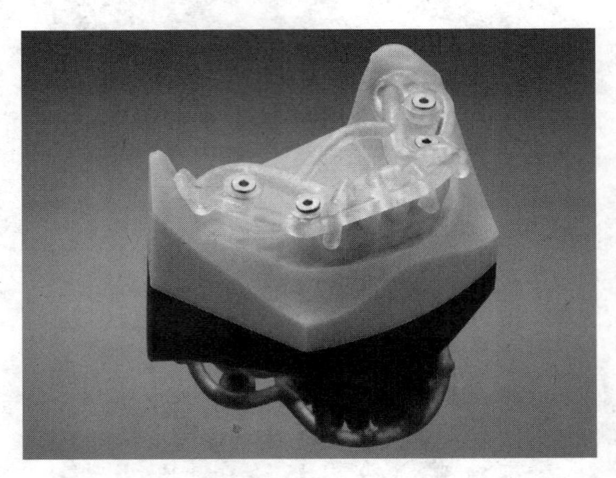

图 1.6　Stratasys 公司用 3D 打印技术打造牙套牙桥模型

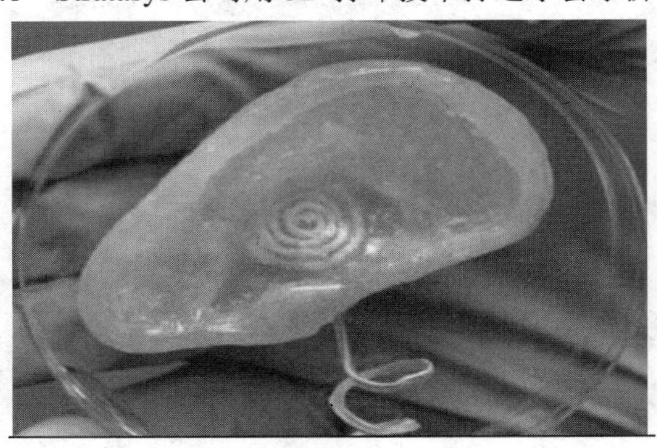

图 1.7　普林斯顿大学打印的能使患者恢复听力的耳朵

2. 航空航天

3D 打印技术制作不需要模具，可以实现虚拟设计到现实的直接转化，这一特点对航空航天器设计制造更有积极深远的影响。传统的装备制造方式需要大量模具，且准备模具和制造锻坯时间长，机械加工时间长，工序多，返工次数多，导致研制周期较长。而 3D 打印技术无需模具，一次成型，工序少，且结构设计修改容易，从而可以大幅缩短装备的研制周期。据媒体报道，歼-10 战斗机研发用了 10 年，而运用 3D 打印技术后，我国仅用 3 年就推出了第一款舰载机歼-15。最新的第五代战机歼-20 和歼-31 也已经顺利试飞成功。3D 打印正在见证“中国速度”。歼-20 和歼-31 如图 1.8 所示。

(a) 歼-20

(b) 歼-31

图 1.8　歼-20、歼-31 照片

3. 个性化珠宝首饰

在珠宝成型阶段，传统的工艺因生产周期长、工序复杂、专业人才缺乏，大大延长了产品市场化的时间。

人们购买珠宝首饰通常都选择去门店购买，然而越来越多的数据表明，人们更加希望有专属自己的个性化首饰。事实上，传统的首饰工艺产品更新速度远远赶不上消费者需求的增长速度。据统计，2010 年，国内珠宝类产品销售已达 2500 亿元，珠宝设计起版产业产值在 600 亿元，且每年都以 11%的速度增长。面对这样巨大的珠宝消费市场，改变传统的制造工艺，加快产品推陈出新的速度以满足消费者的需求，成为新技术发展的诱导性力量。

3D 打印技术的兴起，给珠宝行业的发展提供了契机。利用 3D 打印技术，珠宝生产商可以直接起版、铸造，大大节省了生产时间，帮助客户更快地开发新产品。在过去，珠宝产品从设计到实物产出需要 1 个月时间，需要经过设计→出样→修模→铸造→实物→后期处理的繁琐过程。而且，珠宝产品制作成本很高，比如每个戒指平均生产制作成本就在 250 元左右。而现在，利用 3D 打印技术，这个过程缩短到 10 天左右，只需要经过设计→打样→铸造→实物这几道工序，而且生产成本也大幅度降低。图 1.9 为 3D 打印机打印的戒指。

图 1.9　3D 打印机打印的戒指

1.2　3D 打印简史

3D 打印的历史最早可以追溯到 1976 年，也就是喷墨打印机诞生的那一年。1984 年，喷墨打印的概念逐步发展和进步，促使打印技术从使用墨水阶段演变到使用各种材料阶段。在此后的数十年里，3D 打印技术不断完善，在不同行业中的各种应用不断发展，成为了当今最热门的前沿技术之一。下面是 3D 打印技术里程碑事件简介。

- **1984 年——3D 打印技术诞生**

1984 年，3D Systems 公司的创立者之一、3D 打印之父查尔斯·赫尔(Charles Hull，图 1.10)发明了光固化技术——用数字化信息生成三维立体物体。该技术通过图片制作 3D 模型，使用户可以在大规模生产前对设计进行测试。

图 1.10　3D 打印之父 Charles Hull 获得 2014 年欧洲发明家奖提名

• 1992 年——层层铺垫，构建零件

1992 年，3D Systems 公司制造出了第一台立体光固化成型机器。这台机器采用 UV 激光来固化光敏树脂材料(一种带有蜂蜜黏性和色泽的液体)，通过层层叠加，制成立体零件。尽管不够完美，但这台机器证明高度复杂的零件可以在一夜间制造完成。图 1.11 为光固化技术示意图。

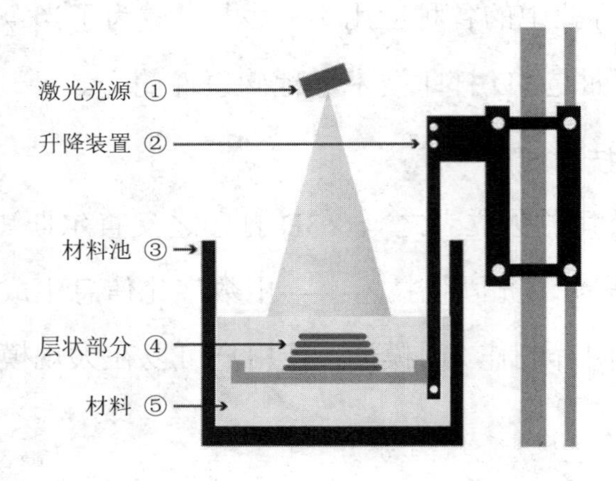

图 1.11　光固化技术示意图

• 1999 年——工程器官促进药品研发

1999 年，实验室培养的首个器官被移植到人体。威克弗里斯特再生医学研究所的科学家在对年轻患者进行膀胱扩大手术时，使用了涂有患者细胞的 3D 合成支架，为工程器官的研发策略打开了一个新的途径——可以采用打印器官的方式，如图 1.12 所示。由于采用的是患者自身的细胞，所以基本没有排斥反应的风险。

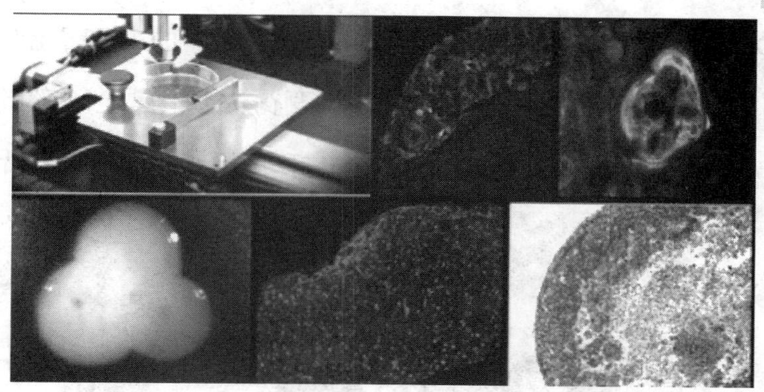

图 1.12　人体工程器官研发

• 2002 年——能运作的 3D 肾脏

2002 年，科学家研发出了一个能正常工作的肾，能在动物体内过滤血液、生成稀释的尿液。该项研究是威克弗里斯特再生医学研究所使用 3D 打印技术“打印”器官和组织的里程碑式进展。如图 1.13 所示。

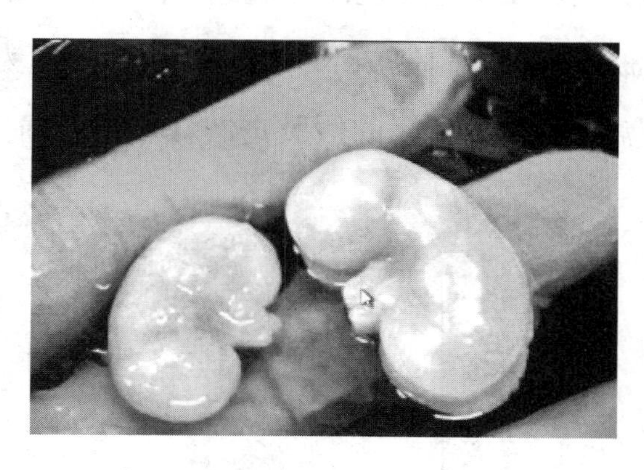

图 1.13　3D 打印打印出的肾脏

• 2005 年——3D 打印技术的开源合作

2005 年，巴斯大学的 Adrian Bowyer 博士建立了 RepRap 项目——

开源 3D 打印机先驱(如图 1.14 所示)。RepRap 可以打印出自身的大部分零件。该项目的目标是使工业生产变得大众化，全球各地的人都能以低成本打印 RepRap 的组装件，用打印机制造出日常用品。

图 1.14　Adrian Bowyer 博士和他的 3D 打印机

- **2006 年——SLS 引领工业生产走向大规模定制**

2006 年，第一台 SLS(选择性激光烧结)机器诞生(如图 1.15 所示)。这类机器使用激光熔融材料制成 3D 实物。这项技术为大规模定制、工业零件的按需制造以及后来的假肢定制开启了一扇大门。

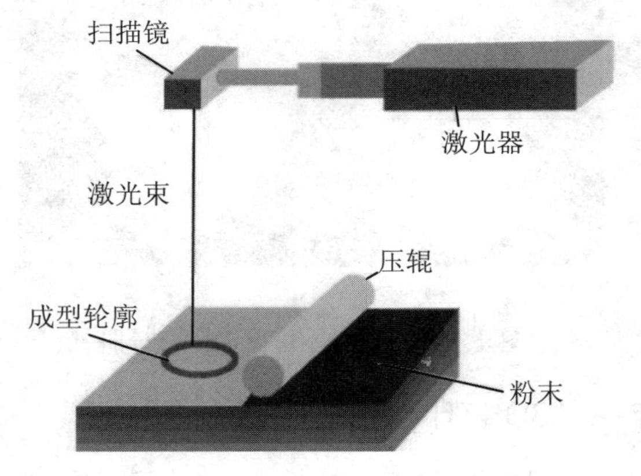

图 1.15　SLS 选择性激光烧结工艺

• **2008 年——第一台自我复制的打印机**

继 2005 年 RepRap 项目建立以后，2008 年 RepRap 项目又发布了 Darwin(达尔文)型号的打印机(如图 1.16 和图 1.17 所示)。这是第一台能自我复制的打印机，能够打印出自身的大部分零件。用户只要拥有一台达尔文型号的第二代与第四代自我复制型打印机，就能制作出更多台同类型打印机。

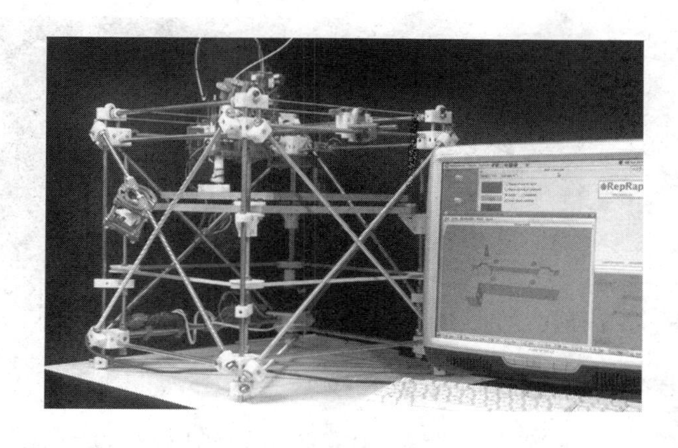

图 1.16　第一台能自我复制的打印机——“达尔文”

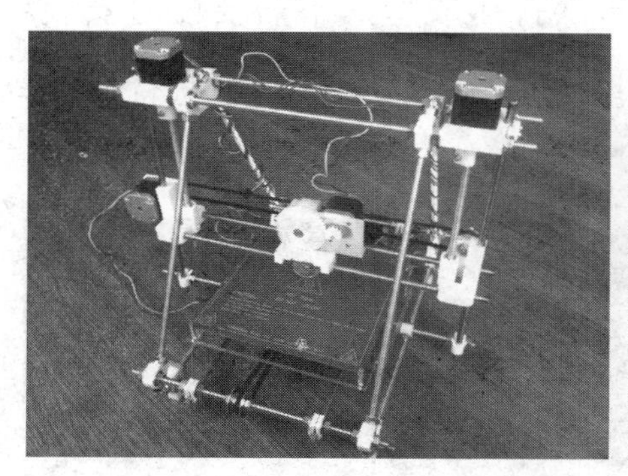

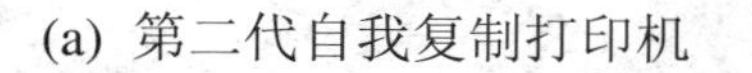

(a) 第二代自我复制打印机

(b) 第四代自我复制打印机

图 1.17　第二代与第四代自我复制打印机

• 2008 年——DIY 合作创新服务上线

2008 年，Shapeways 发布了合作创新服务和社区的 beta 版，将艺术家、建筑师和设计师聚集在一起，以低成本进行实物的 3D 设计创作。如图 1.18 所示。

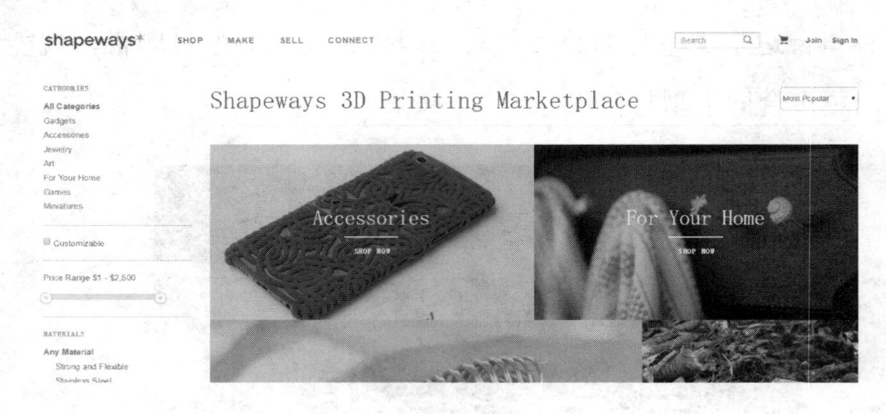

图 1.18　全球第一家 3D 打印服务平台 Shapeways

• 2008 年——假肢领域重大技术突破

2008 年，第一次有人穿戴 3D 打印的假肢(包括膝盖、脚、关节等)走上街。整个假肢的复杂结构一次打印成型，不需要任何安装环节。Bespoke Innovations 是一家假肢制造商，依靠该技术进行假肢外观定制。如图 1.19 所示。

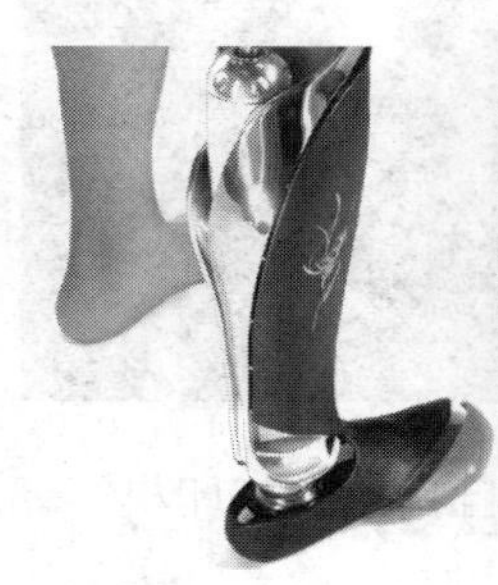 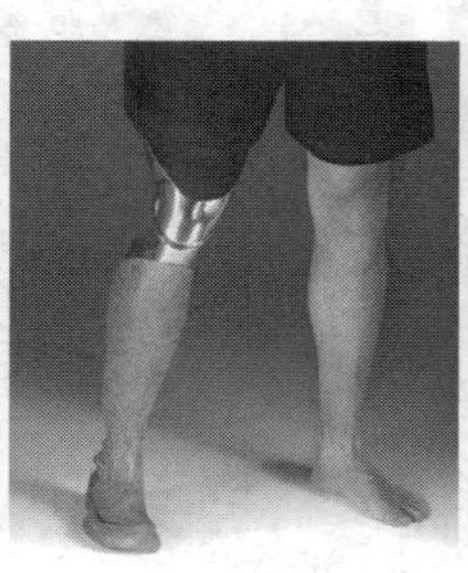 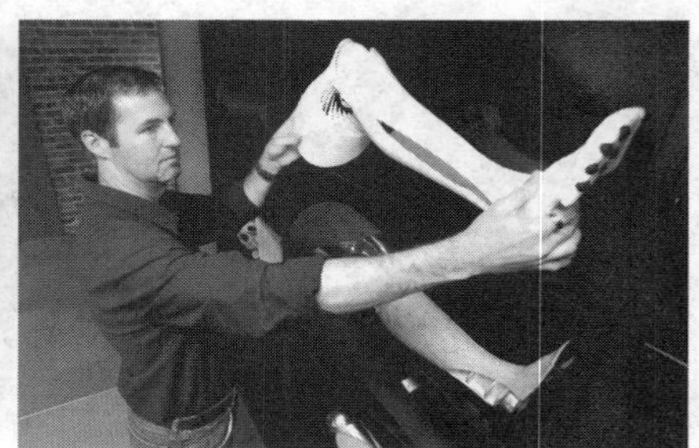

图 1.19　外观可定制假肢

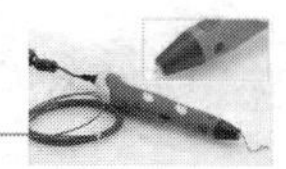

• 2009 年——供 DIY 的 3D 打印机套件进入市场

2009 年，3D 打印机开源硬件公司 MakerBot 开始出售 DIY 套件，购买者可自行组装 3D 打印机。图 1.20 所示为 MakerBot Replicator 2 桌面级 3D 打印机，是 MakerBot 公司第四代 3D 打印机。

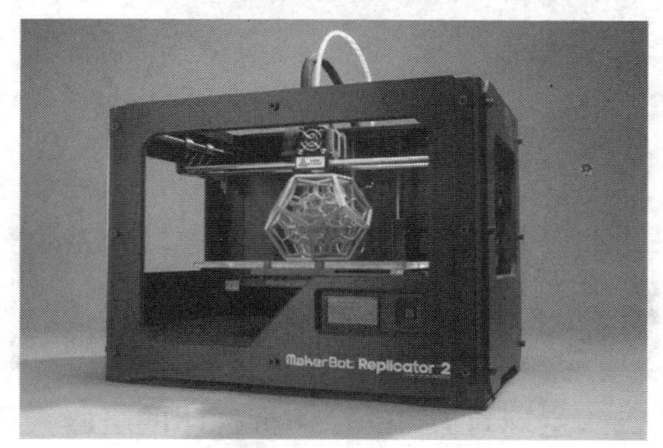

图 1.20 MakerBot 桌面级打印机

• 2009 年——3D 打印从细胞到血管

2009 年，生物打印创新者 Organovo，依靠 Gabor Forgacs 博士的技术，用 3D 生物打印机首次打印出了血管，如图 1.21 所示。

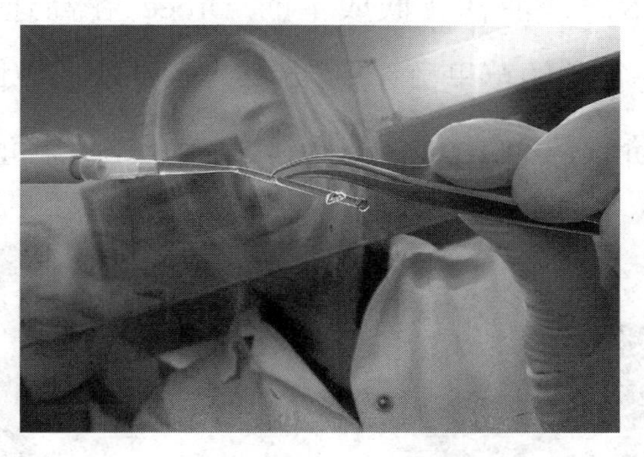

图 1.21 人类第一次用 3D 打印机打印出血管

• 2011 年——全球首架 3D 打印的机器人飞机问世

2011 年，南安普敦大学的工程师们设计和试驾了全球首架 3D 打

印机打印的飞机，如图 1.22 所示。建造这架无人飞机用时 7 天，费用约为 5000 英镑。飞机采用椭圆形机翼，有助于提高空气动力效率，将诱导阻力降到最低。如果采用普通技术制造此类机翼，通常成本较高。

图 1.22　全球首架 3D 打印机打印的机器人飞机

• 2011 年——全球第一辆 3D 打印的汽车

2011 年，Kor Ecologic 在加拿大的 TED Winnipeg 会议上推出 Urbee——一辆光滑、环保、友好的汽车原型，车体采用 3D 打印，如图 1.23 所示。低油耗、低成本的 Urbee 在高速公路上驾驶为 200mpg(每加仑行驶的英里数)，城市中为 100mpg。如果能够实现商业生产，零售价预计为 10 000 美元到 50 000 美元之间。

图 1.23　全球第一辆 3D 打印机打印的汽车——Urbee

• 2011 年——金银 3D 打印

2011 年，Materialise 成为全球首家提供 14K 黄金和标准纯银材料打印的 3D 打印服务商。这在无形中为珠宝首饰设计师们提供了一个低成本的全新生产方式。图 1.24 为两款 Materialise 的 3D 打印首饰作品。

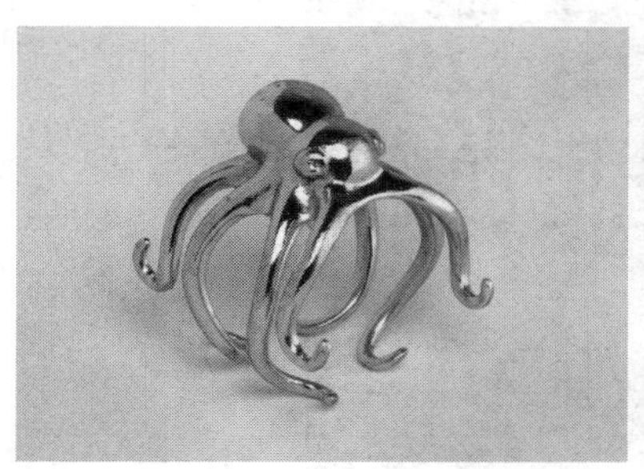

图 1.24　Materialise 14K 黄金打印的作品

• 2012 年——3D 打印的下颚假体被移植使用

2012 年，荷兰医生和工程师们使用 LayerWise 制造的 3D 打印机打印出一个定制的下颚假体(如图 1.25 所示)，然后移植到一位 83 岁、患有慢性骨感染的老太太身上。目前，该技术被用于促进新的骨组织生长。

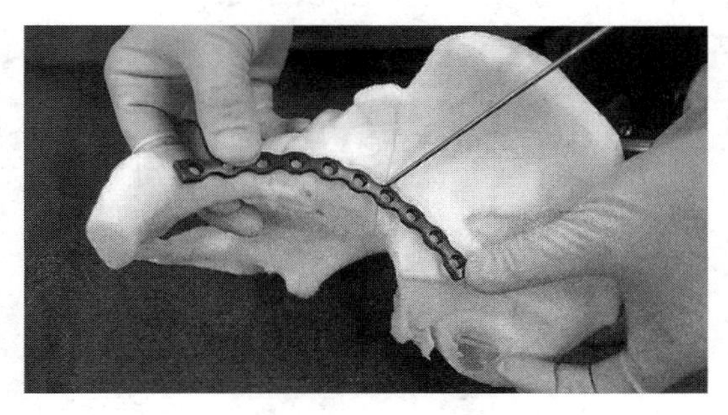

图 1.25　3D 打印机打印的下颚假体

• 2012 年——新一轮的 3D 打印浪潮

2012 年 4 月 21 日，英国著名经济学杂志《The Economist》上的一篇关于第三次工业革命的封面文章(见图 1.26)全面掀起了新一轮的 3D 打印浪潮。

图 1.26　《The Economist》的 3D 打印与第三次工业革命的封面

2012 年 4 月，3D 打印的两个巨头企业 Stratasys 和以色列 Objet 宣布合并。如图 1.27 所示为两家企业的 Logo。

图 1.27　Stratasys 和 Objet

2012 年，3D Systems 推出世界首款开箱即用 3D 打印机 Cube，如图 1.28 所示。

图 1.28　3D 打印机 Cube

2012 年 11 月，中国宣布成为世界上唯一掌握大型结构关键件激光成型的国家。

2012 年 12 月，华中科技大学史玉升科研团队实现重大突破，研发出全球最大的“3D 打印机”。这一“3D 打印机”可加工零件的长和宽最大尺寸均达到 1.2 m。该 3D 打印机是基于粉末的激光烧结快速制造设备。

2013 年 1 月，中国首创用 3D 打印制造飞机钛合金大型主承力构件，由北航教授王华明团队采用大型钛合金结构件激光直接制造技术制造。图 1.29 为王华明团队为 C919 大型客机制造的钛合金主风挡窗板。

图 1.29　王华明团队为 C919 大型客机制造的钛合金主风挡窗板

2013 年 5 月 29 日，首届世界 3D 打印大会在北京拉开帷幕，世界 3D 打印技术产业联盟也在同期成立。

2014 年，国内致力于 3D 打印互联网平台——橡皮泥网(Simpneed.com，如图 1.30 所示)上线，致力于为用户提供个性化产品在线设计和打印定制服务，提供海量高品质的 3D 打印模型下载，以及 3D 打印机、耗材及 3D 扫描仪采购。目前该平台拥有全球 1400 多位在线设计师，链接全球 1300 多家设备和耗材供应商，现已成为国内领先的 3D 打印服务平台。

图 1.30　橡皮泥 3D 打印服务平台

1.3　3D 打印的优势

优势 1——制造复杂物品不增加成本。

就传统制造而言，物体形状越复杂，制造成本越高。对 3D 打印机而言，制造形状复杂的物品成本不增加，制造一个华丽的、形状复

杂的物品并不比打印一个简单的方块消耗更多的时间、技能或成本。制造复杂物品而不增加成本将打破传统的定价模式，并改变我们计算制造成本的方式。

优势2——产品多样化不增加成本。

一台3D打印机可以打印许多形状，它可以像工匠一样每次都做出不同形状的物品。传统的制造设备功能较少，做出的形状种类有限。3D打印省去了培训机械师或购置新设备的成本，一台3D打印机只需要不同的数字设计蓝图和一批新的原材料。

优势3——无需组装。

3D打印能使部件一体化成型。传统的大规模生产建立在组装线基础上，在现代工厂，由机器生产出相同的零部件，然后由机器人或工人进行组装(甚至可以跨洲组装)。产品组成部件越多，组装耗费的时间和成本就越多。3D打印机通过分层制造可以同时打印一扇门及上面的配套铰链，不需要组装。省略了组装就缩短了供应链，节省了在劳动力和运输方面的花费。同时，供应链越短，污染也越少。

优势4——零时间交付。

3D打印机可以按需打印。即时生产减少了企业的实物库存，企业可以根据客户订单使用3D打印机制造出特别的或定制的产品以满足客户需求。所以新的商业模式将成为可能。如果人们所需的物品可以按需就近生产，那就有望实现零时间交付式生产。而零时间交付式生产能最大限度地减少长途运输的成本。

优势 5——设计空间无限。

传统制造技术和工匠制造的产品形状有限，制造形状的能力受制于所使用的工具。例如，传统的木制车床只能制造圆形物品，轧机只能加工用铣刀制造的部件，制模机仅能制造模铸形状。而 3D 打印机可以突破这些局限，开辟了巨大的设计空间，甚至可以制作目前可能只存在于自然界的形状。

优势 6——零技能制造。

传统工匠需要当几年学徒才能掌握所需要的技能。批量生产和计算机控制的制造机器降低了对技能的要求，然而传统的制造机器仍然需要熟练的专业人员进行机器调整和校准。3D 打印机从设计文件里获得各种指示，做同样复杂的物品，3D 打印机所需要的操作技能比注塑机少了很多。非技能制造开辟了新的商业模式，并能在远程环境或极端情况下为人们提供新的生产方式。

优势 7——不占空间、便携制造。

就单位生产空间而言，与传统制造机器相比，3D 打印机的制造能力更强。例如，注塑机只能制造比自身小很多的物品，与此相反，3D 打印机可以制造和其打印台一样大的物品。3D 打印机调试好后，打印设备可以自由移动，打印机可以制造比自身还要大的物品。较高的单位空间生产能力使得 3D 打印机适合家用或办公使用，因为它们所需的物理空间更小。

优势8——减少废弃副产品。

与传统的金属制造技术相比，3D打印机制造金属制品时只产生较少的副产品。而传统金属加工的浪费量惊人，甚至90%的金属原材料被丢弃在工厂的车间里！3D打印技术制造金属制品时浪费量减少。随着打印材料的进步，“净成型”制造可能成为更环保的加工方式。

优势9——材料无限组合。

对当今的制造机器而言，将不同原材料结合成单一产品是一件难事，因为传统的制造机器在切割或模具成型过程中不能轻易地将多种原材料融合在一起。随着多材料3D打印技术的发展，人们有能力将不同原材料融合在一起。以前无法混合的原料混合后将形成新的材料，这些材料色调种类繁多，具有独特的属性或功能，开辟了新的用途。

优势10——精确的实体复制。

像数字音乐文件可以被复制并精确地传输扩散一样，未来，3D打印技术也可以把3D数字模型精准地扩展到实体世界。3D扫描技术和3D打印技术将共同提高实体世界和数字世界之间形态转换的分辨率，人们可以扫描、编辑和复制实体对象，创建精确的副本和优化原件。

第 2 章 3D 打印技术与发展状况

2.1 3D 打印的工作原理

现在市面上已经有十几种不同的 3D 打印技术，包括激光立体印刷(SLA)、选择性激光烧结(SLS)、粉体三维打印(3DP)、熔融沉积造型(FDM)、层压制造(LLM)、气溶胶打印(Aerosol Printing)、生物绘图成型(Bioplotter)、直接金属激光烧结(DMLS)、数字光处理成型(DLP)、融化压模式成型(MEM)、分层实体制造(LOM)、电子束熔化成型(EBM)、选择性热烧结(SHS)和粉末层喷头 3D 打印(PP)等成型技术。其中比较成熟的有 SLA、SLS、FDM、LOM 等方法。我们将在下面介绍这四种目前使用比较广泛的 3D 打印技术。

2.1.1 SLA 技术

SLA 是“Stereo Lithography Appearance”的缩写，即立体光固化成型法，常被称为立体光刻成型。光固化快速成型工艺是最早发展起来的快速成型技术，是机械工程、计算机辅助设计及制造技术(CAD/CAM)、计算机数字控制(CNC)、精密伺服驱动、检测技术、

激光技术及新型材料科学技术的集成。它不同于传统的用材料去除方式制造零件的方法，而是用将材料一层一层积累起来的方式构造零件模型。由于该项技术不像传统的零件制造方法需要制作木模、塑料模和陶瓷模等，可以把零件原型的制造时间减少为几天、几小时，大大缩短了产品开发周期，降低了开发成本。计算机技术的快速发展和三维 CAD 软件应用的不断推广，使得光固化成型技术的广泛应用成为可能。光固化成型技术特别适合于新产品的开发、不规则或复杂形状零件的制造(如具有复杂形面的飞行器模型和风洞模型)、大型零件的制造、模具设计与制造、产品设计的外观评估和装配检验、快速反求与复制，也适用于难加工材料的制造(如利用 SLA 技术制备碳化硅复合材料构件等)。这项技术不仅在制造业具有广泛的应用，而且在材料科学与工程、医学、文化艺术等领域也有广阔的应用前景。

1. 光固化成型技术的基本原理

光固化成型工艺的成型过程如图 2.1 所示。液槽中盛满液态光敏树脂，氦-镉激光器或氩离子激光器发出的紫外激光束在控制系统的控制下按零件的各分层截面信息在光敏树脂表面进行逐点扫描，使被扫描区域的树脂薄层产生光聚合反应而固化，形成零件的一个薄层。一层固化完毕后，工作台下移一个层厚的距离，以使在原先固化好的树脂表面再敷上一层新的液态树脂，刮板将黏度较大的树脂液面刮平，然后进行下一层的扫描加工。新固化的一层牢固地黏结在前一层上，如此重复直至整个零件制造完毕，得到一个三维实体原型。当实体原型完成后，首先将实体取出，并将多余的树脂排净；之后去掉支撑，进行清洗；然后再将实体原型放在紫外激光下整理后固化。

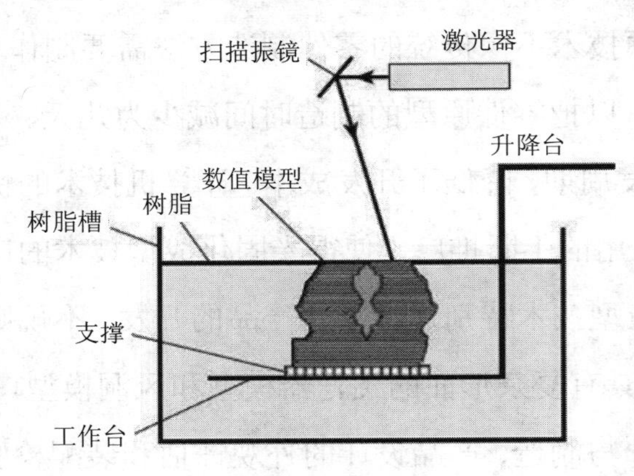

图 2.1　立体光固化成型法工作原理

因为树脂材料具有很强的黏性，在每层固化之后，液面很难在短时间内迅速流平，这将会影响实体的精度。采用刮板刮切后，所需数量的树脂便会被十分均匀地涂敷在上一叠层上，这样经过激光固化后可以得到较好的精度，使产品表面更加光滑和平整，并且可以解决残留体积的问题。

2. 光固化成型技术的应用

在当前应用较多的几种快速成型工艺方法中，光固化成型由于具有成型过程自动化程度高、制作原型表面质量好、尺寸精度高以及能够实现比较精细的尺寸成型等特点，使之得到最为广泛的应用。在概念设计的交流、单件小批量精密铸造、产品模型、快速工模具及直接面向产品的模具等诸多方面广泛应用于航空、汽车、电器、消费品以及医疗等行业。

图 2.2 为立体光固化成型工艺品图片。

图 2.2　立体光固化成型工艺品

1) SLA 在航空航天领域的应用

在航空航天领域，SLA 模型可直接用于风洞试验，进行可制造性、可装配性检验。航空航天零件往往是在有限空间内运行的复杂系统，在采用光固化成型技术以后，不但可以基于 SLA 原型进行装配干涉检查，还可以进行可制造性讨论评估，确定最佳的合理制造工艺。通过快速熔模铸造、快速翻砂铸造等辅助技术进行特殊复杂零件(如涡轮、叶片、叶轮等)的单件、小批量生产，并进行发动机等部件的试制和试验。如图 2.3 所示为 SLA 技术制作的零部件，该部件进行组装后可应用于产品原型测试。

图 2.3　光固化技术制作的零部件及快速原型应用

航空领域中发动机上许多零件都是经过精密铸造来制造的，对于高精度的木模制作，传统工艺成本极高且制作时间也很长。采用SLA工艺，可以直接由CAD数字模型制作熔模铸造的母模，时间和成本可以得到显著的降低。甚至数小时之内，就可以由CAD数字模型得到成本较低、结构又十分复杂的用于熔模铸造的SLA快速原型母模。

利用光固化成型技术可以制作出多种弹体外壳，装上传感器后便可直接进行风洞试验。通过这样的方法避免了制作复杂曲面模的成本和时间，从而可以更快地从多种设计方案中筛选出最优的整体流程方案，在整个开发过程中大大缩短了验证周期和开发成本。此外，利用光固化成型技术制作的导弹全尺寸模型，在模型表面再进行相应喷涂后，清晰展示了导弹外观、结构和战斗原理，其展示和讲解效果远远超出了单纯的电脑图纸模拟方式，可在未正式量产之前对其可制造性和可装配性进行检验。

2) SLA在其他制造领域的应用

光固化快速成型技术除了在航空航天领域有较为重要的应用之外，在其他制造领域的应用也非常重要且广泛，如在汽车制造领域、模具制造领域、电器制造领域和铸造领域等。下面就光固化快速成型技术在汽车制造领域和铸造领域的应用作简要的介绍。

现代汽车生产的特点就是产品的多型号、短周期。为了满足不同的生产需求，就需要不断地改型。虽然现代计算机模拟技术不断完善，可以完成各种动力、强度、刚度分析，但研究开发中仍需要做成实物

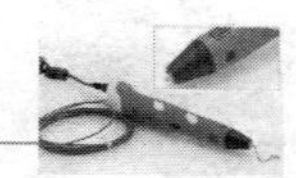

以验证其外观形象、工装可安装性和可拆卸性。对于形状、结构十分复杂的零件，可以用光固化成型技术制作零件原型，以验证设计人员的设计思想，并利用零件原型做功能性和装配性检验。

光固化快速成型技术还可在发动机的试验研究中用于流动分析。流动分析技术是用来在复杂零件内确定液体或气体的流动模式的。将透明的模型安装在一简单的试验台上，中间循环某种液体，在液体内加一些细小粒子或细气泡，以显示液体在流道内的流动情况。该项技术已成功地用于发动机冷却系统(气缸盖、机体水箱)、进/排气管等的研究。问题的关键是透明模型的制造，用传统方法时间长、花费大且不精确，而用 SLA 技术结合 CAD 造型仅仅需要 4～5 周的时间，且花费只为之前的 1/3，制作出的透明模型能完全符合机体水箱和气缸盖的 CAD 数据要求，模型的表面质量也能满足要求。为了进行分析，该气缸盖模型装在了曲轴箱上，并配备了必要的辅助零件。当分析结果不合格时，可以将模型拆卸下来，对模型零件进行修改之后重装模型，进行另一轮的流动分析，直至各项指标均满足要求为止。

光固化成型技术在汽车行业除了上述用途外，还可以与逆向工程技术、快速模具制造技术相结合，用于汽车车身设计、前后保险杆总成试制、内饰门板等结构样件/功能样件试制、赛车零件制作等。

在铸造生产中，模板、芯盒、压蜡型、压铸模等的制造往往是采用机加工方法，有时还需要钳工进行修整，费时耗资，而且精度不高。特别是对于一些形状复杂的铸件(例如飞机发动机的叶片、船用螺旋浆、汽车、拖拉机的缸体、缸盖等)，模具的制造更是一个巨大的难题。虽然一些大型企业的铸造厂也备有一些数控机床、仿型铣床等高级设备，但除了设备价格昂贵外，模具加工的周期也很长，而且由于没有很好的软件系统支持，机床的编程也很困难。快速成型技术的出现，为铸造的铸模生产提供了速度更快、精度更高、结构更复杂的保障。

图 2.4(a)为 SLA 技术制作的用来生产氧化铝基陶瓷芯的模具，该氧化铝陶瓷芯是在铸造生产燃气涡轮叶片时用作熔模的，其结构十分复杂，包含制作涡轮叶片内部冷却通道的结构，且精度要求高，对表面质量的要求也非常高。制作时，当浇注到模具内的液体凝固后，经过加热分解便可去除 SLA 模具，得到氧化铝基陶瓷芯。图 2.4(b)是用 SLA 技术制作的用来生产消失模的模具嵌件，该消失模是用来生产标致汽车发动机变速箱拨叉的。

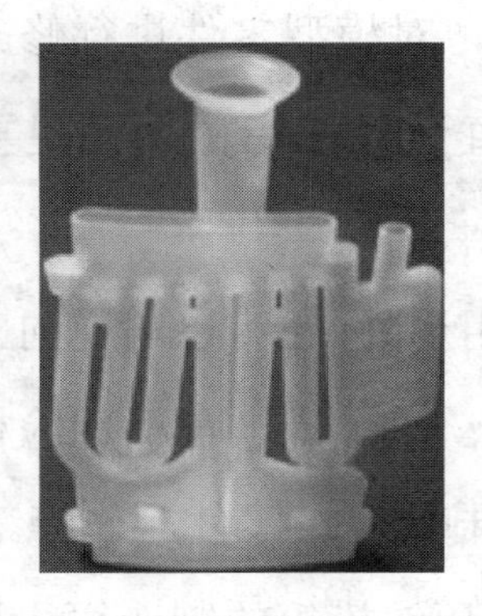

(a) 用于制作氧化铝基陶瓷芯的 SLA 原型

(b) 用于制作变速箱拨叉融模的 SLA 原型

图 2.4　SLA 原型在铸造领域的应用实例

3) 生物医学领域

光固化快速成型技术为不能制作或难以用传统方法制作的人体器官模型提供了一种新的方法，基于 CT 图像的光固化成型技术是应用于假体制作、复杂外科手术的规划、口腔颌面修复的有效方法。目前在生命科学研究的前沿领域出现的一门新的交叉学科——组织工程，是光固化成型技术非常有前景的一个应用领域。基于 SLA 技术可以制作具有生物活性的人工骨支架，该支架具有很好的机械性能和与细胞的生物相容性，且有利于成骨细胞的黏附和生长。

此外，将光固化快速成型技术和冷冻干燥技术相结合，能够制造出包含多种复杂微结构的肝组织工程支架，该支架系统可保证多种肝脏细胞的有序分布，可为组织工程肝脏支架材料微观结构的模拟提供参考。

3. SLA 技术的特点

SLA 技术成型速度较快，精度较高，但由于树脂固化过程中产生收缩，不可避免地会产生应力或引起形变。因此开发收缩小、固化快、强度高的光敏材料是其发展趋势。

1) SLA 技术的优势

(1) 光固化成型法是最早出现的快速原型制造工艺，其成熟度高，经过了时间的检验。

(2) 由 CAD 数字模型直接制成原型，加工速度快，产品生产周期短，无需切削工具与模具。

(3) 可以加工结构外形复杂或使用传统手段难以成型的原型和模具。

(4) 使 CAD 数字模型直观化，降低错误修复的成本。

(5) 为实验提供试样，可以对计算机仿真计算的结果进行验证与校核。

(6) 可联机操作，还可远程控制，利于生产的自动化。

2) SLA 技术的缺陷

(1) SLA 系统造价昂贵，使用和维护成本过高。

(2) SLA 系统是要对液体进行操作的精密设备，对工作环境要求苛刻。

(3) 成型件多为树脂类，强度、刚度、耐热性有限，不利于长时间保存。

(4) 预处理软件与驱动软件运算量大，与加工效果关联性太高。

(5) 软件系统操作复杂，入门困难；使用的文件格式不为广大设计人员熟悉。

(6) 立体光固化成型技术被单一公司所垄断。

立体光固化成型法的发展趋势是高速化、节能环保与微型化。

不断提高的加工精度使立体光固化技术有可能最先在生物、医药、微电子等领域大有作为。

2.1.2 SLS 技术

选择性激光烧结(Selective Laser Sintering，SLS)(以下简称 SLS)

技术最初是由美国德克萨斯大学奥斯汀分校的 Carlckard 于 1989 年在其硕士论文中提出的。后美国 DTM 公司于 1992 年推出了该工艺的商业化生产设备 Sinter Sation。几十年来，奥斯汀分校和 DTM 公司在 SLS 领域做了大量的研究工作，在设备研制和工艺、材料开发上取得了丰硕成果。德国的 EOS 公司在这一领域也做了很多研究工作，并开发了相应的系列成型设备。

国内也有多家单位进行 SLS 的相关研究工作，如华中科技大学、南京航空航天大学、西北工业大学、中北大学和北京隆源自动成型有限公司等，也取得了许多重大成果，如南京航空航天大学研制的 RAP-I 型激光烧结快速成型系统、北京隆源自动成型有限公司开发的 AFS-300 激光快速成型的商品化设备。

选择性激光烧结是采用激光有选择地分层烧结固体粉末，并使烧结成型的固化层层层叠加生成所需形状的零件。其整个工艺过程包括 CAD 模型的建立及数据处理、敷粉、烧结以及后处理等。

1. SLS 技术的基本原理

SLS 技术采用二氧化碳激光器对粉末材料(塑料粉、金属等与黏结剂的混合粉)进行选择性烧结，是一种由离散点一层层堆集成三维实体的快速成型方法。

整个工艺装置由粉末缸和成型缸组成。工作时粉末缸活塞(送粉活塞)上升，由敷粉辊将粉末在成型缸活塞(工作活塞)上均匀敷上一层，计算机根据原型的切片模型控制激光束的二维扫描轨迹，有选择

地烧结固体粉末材料以形成零件的一个层面；粉末完成一层后，工作活塞下降一个层厚，敷粉系统敷上新粉，控制激光束再次扫描烧结新层；如此循环往复，层层叠加，直到三维零件成型；最后，将未烧结的粉末回收到粉末缸中，并取出成型件。对于金属粉末激光烧结，在烧结之前，整个工作台被加热至一定温度，可减少成型中的热变形，并利于层与层之间的结合。选择性激光烧结的工作原理如图 2.5 所示。

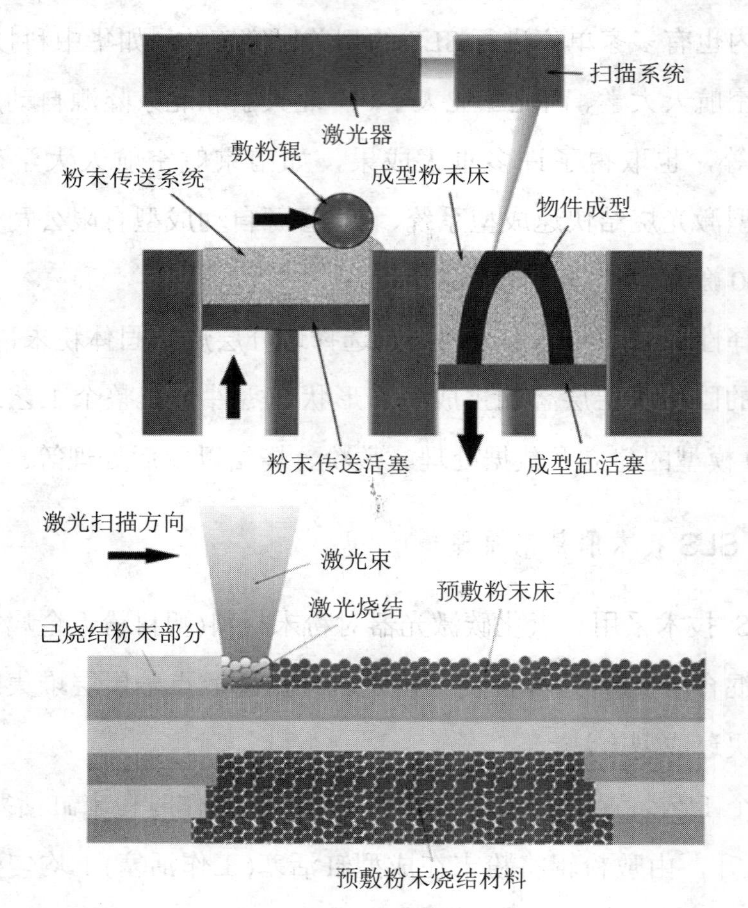

图 2.5　选择性激光烧结工作原理

2. SLS技术的应用

SLS工艺已经成功应用于汽车、造船、航天、航空、通信、微机电系统、建筑、医疗、考古等诸多行业，为许多传统制造业注入了新的创造力，也带来了信息化的气息。概括来说，SLS工艺可以应用于以下场合：

(1) 快速原型制造。SLS工艺可快速制造所设计零件的原型，并对产品及时进行评价、修正以提高设计质量；可使客户获得直观的零件模型；能制造教学、试验用复杂模型。

(2) 新材料的制备及研发。利用SLS工艺可以开发一些新型的颗粒，以增强复合材料和硬质合金。

(3) 小批量、特殊零件的制造加工。在制造业领域，经常遇到小批量及特殊零件的生产。这类零件加工周期长、成本高，对于某些形状复杂的零件，甚至无法制造。采用SLS技术可经济地实现小批量和形状复杂零件的制造。

如图2.6所示为用SLS技术成型的高温镍基合金叶片。

图2.6　SLS技术成型的高温镍基合金叶片

(4) 快速模具和工具制造。SLS 制造的零件可直接作为模具使用，如熔模制造、砂型铸造、高精度形状复杂的金属模型的制造等；也可以将成型件后处理后作为功能零件使用。

(5) 在逆向工程上的应用。SLS 工艺可以在没有涉及图纸或者图纸不完全以及没有 CAD 模型的情况下，按照现有的零件原型，利用各种数字技术和 CAD 技术重新构造出原型 CAD 模型。

(6) 在医学上的应用。SLS 工艺烧结的零件由于具有很高的孔隙率，可用于人工骨骼的制造。根据国外对于用 SLS 技术制备的人工骨骼进行的临床研究表明，人工骨骼的生物相容性良好。

3. SLS 技术的特点

与其它 3D 打印技术相比，SLS 最突出的优点在于它所使用的成型材料十分广泛。从理论上说，任何加热后能够形成原子间黏结的粉末材料都可以作为 SLS 的成型材料。目前，可成功进行 SLS 成型加工的材料有石蜡、高分子、金属、陶瓷粉末和它们的复合粉末材料。由于 SLS 成型材料品种多、用料节省、成型件性能分布广泛、适合多种用途以及 SLS 无需设计和制造复杂的支撑系统，所以 SLS 的应用越来越广泛。

1) SLS 技术的优点

(1) 能生产较硬的模具；

(2) 可以采用多种原料，包括类工程塑料、蜡、金属、陶瓷等；

(3) 零件的构建时间短，可达到 1 in/h 高度；

(4) 无需设计和构造支撑系统。

2) SLS 技术的缺点

(1) 有激光损耗，需要专门实验室环境，使用及维护费用高昂;

(2) 需要预热和冷却，后处理麻烦;

(3) 成型表面受粉末颗粒大小及激光光斑的限制;

(4) 加工室需要不断充氮气，加工成本高;

(5) 成型过程会产生有毒气体和粉尘，可能造成一定的污染环境。

3D 打印技术中，金属粉末 SLS 技术是近年来人们研究的一个热点。实现使用高熔点金属直接烧结成型零件，对用传统切削加工方法难以制造出高强度零件，对快速成型技术更广泛的应用具有特别重要的意义。展望未来，SLS 成型技术在金属材料领域中的研究方向应该是单元体系金属零件的烧结成型，多元合金材料零件的烧结成型，先进金属材料如金属纳米材料及非晶态金属合金等的激光烧结成型等，尤其适合于硬质合金材料微型元件的成型。此外，根据零件的具体功能及经济要求可以烧结形成具有功能梯度和结构梯度的零件。我们相信，随着人们对激光烧结金属粉末成型机理的掌握，对各种金属材料最佳烧结参数的获得，以及专用的快速成型材料的出现，SLS 技术的研究和引用必将进入一个新的境界。

2.1.3 FDM 技术

目前，快速成型(Rapid Prototyping，RP)技术作为研究和开发新产品的有力手段已发展成为一项高新制造技术中的新兴产业。RP 由

CAD模型直接驱动，快速地生产复杂的三维实体样件或零件。RP技术从产生到现在已有十多年历史，并正以35%的年增长率发展着。熔融沉积快速成型(FDM)是继光固化快速成型和叠层实体快速成型工艺后的另一种应用比较广泛的快速成型工艺。FDM技术将ABS、PC、PPSF以及其它热塑性材料挤压成为半熔融状态的细丝，由沉积在层层堆叠基础上的方式，从3D CAD文件直接建构原型。该技术通常应用于塑型、装配、功能性测试以及概念设计中。此外，FDM技术可以应用于打样与快速制造。该工艺方法以美国Stratasys公司开发的FDM制造系统应用最为广泛。在2004年，Stratasys公司的FDM快速成型机系列占全球市场的48.5%。北京航空工艺研究所现拥有一台多功能快速成型机，能完成LOM(叠层实体制造)、FDM(熔融沉积制造)和SLS(选择性激光烧结)三种工艺，FDM制件精度可达±0.15 mm。

1. FDM技术的基本原理

FDM机械系统主要包括喷头、送丝机构、运动机构、加热工作室、工作台5个部分。将低熔点丝状材料通过加热器的挤压头熔化成液体，使熔化的热塑材料丝通过喷头挤出，挤压头沿零件的每一截面的轮廓准确运动，挤出半流动的热塑材料沉积固化成精确的实际部件薄层，覆盖于已建造的零件之上，并在0.1 s内迅速凝固，每完成一层成型，工作台(主要由台面和泡沫垫板组成)便下降一层高度，喷头再进行下一层截面的扫描喷丝，如此反复逐层沉积，直到最后一

层，这样逐层由底到顶地堆积成一个实体模型或零件。FDM 成型中，每一个层片都是在上一层上堆积而成，上一层对当前层起到定位和支撑的作用。随着高度的增加，层片轮廓的面积和形状都会发生变化，当形状发生较大的变化时，上层轮廓就不能给当前层提供充分的定位和支撑作用，这就需要设计一些辅助结构——支撑结构，以保证成型过程的顺利实现。支撑结构可以用同一种材料建造，现在一般都采用双喷头独立加热，一个用来喷模型材料制造零件，另一个用来喷支撑材料做支撑，两种材料的特性不同，制作完毕后去除支撑结构相当容易。送丝机构为喷头输送原料，送丝要求平稳可靠。原料丝一般直径为 1～2 mm，而喷嘴直径只有 0.2～0.3 mm 左右，这个差别保证了喷头内一定的压力和熔融后的原料能以一定的速度(必须与喷头扫描速度相匹配)被挤出成型。送丝机构和喷头采用推—拉相结合的方式，以保证送丝稳定可靠，避免断丝或积瘤。运动机构包括 x、y、z 三个轴的运动。快速成型技术的原理是把任意复杂的三维零件转化为平面图形的堆积，因此不再要求机床进行三轴及三轴以上的联动，大大简化了机床的运动控制，只要能完成二轴联动就可以了。x、y 轴的联动扫描完成 FDM 工艺喷头对截面轮廓的平面扫描，z 轴则带动工作台实现高度方向的进给。加热熔化膛用来给成型过程提供一个恒温环境。由于熔融状态的丝挤出成型后如果骤然受到冷却，容易造成翘曲和开裂，所以 FDM 工艺要求环境温度要适宜。最后对其进行处理，去除实体的支撑部分，对部分实体表面进行处理，使原型精度、表面粗糙度等达到要求。图 2.7 为 FDM 工艺的原理图。

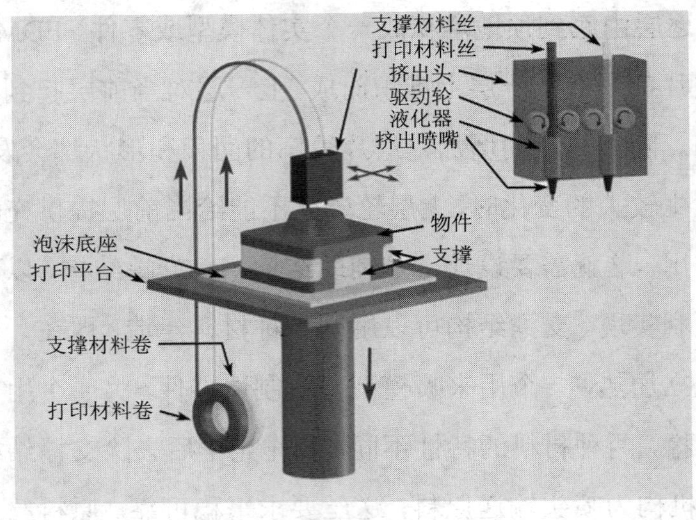

图 2.7　FDM 工艺原理图

2. FDM 技术的应用

FDM 快速成型机采用降维制造原理，将原本很复杂的三维模型根据一定的层厚分解为多个二维图形，然后采用叠层办法还原制造出三维实体样件。由于整个过程不需要模具，所以 FDM 技术大量应用于航空航天领域及汽车、机械、家电、通信、电子、建筑、医学、玩具等产品的设计开发过程，如产品外观评估、方案选择、装配检查、功能测试、用户看样订货、塑料件开模前校验设计以及少量产品制造等，也应用于政府、大学及研究所等机构。用传统方法需要几个星期、几个月才能制造的复杂产品原型，用 FDM 成型法无需任何工具和模具，瞬间便可完成。由于 FDM 工艺的特点，FDM 已经广泛地应用于制造行业。它降低了产品的生产成本，缩短了生产周期，大大地提高了生产效率，给企业带来了较大的经济效益。

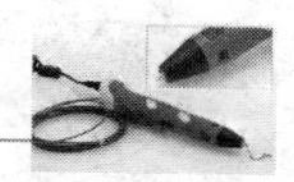

图 2.8 为橡皮泥团队用 FDM 技术打印的 1898 咖啡馆“石头”。

图 2.8　橡皮泥团队用 FDM 技术打印的 1898 咖啡馆“石头”

1) FDM 在日本丰田公司的应用

丰田公司采用 FDM 工艺制作右侧镜支架和四个门把手的母模，通过快速模具技术制作产品而取代传统的 CNC 制模方式，使得 2000 Avalon 车型的制造成本显著降低，右侧镜支架模具成本降低 20 万美元，四个门把手模具成本降低 30 万美元。FDM 工艺已经为丰田公司在轿车制造方面节省了 200 万美元。

2) FDM 在美国快速模型制造公司的应用

从事模型制造的美国 Rapid Models&Prototypes 公司采用 FDM 工艺为生产厂商 Laramie Toys 制作了玩具水枪模型。借助 FDM 工艺制作该玩具水枪模型，通过将多个零件一体制作，减少了传统制作方

式制作模型的部件数量，避免了焊接与螺纹连接等组装环节，显著提高了模型制作的效率。

3) FDM 在 Mizuno 公司的应用

1997 年 1 月，Mizuno 美国公司开发出一套新的高尔夫球杆通常需要 13 个月的时间。FDM 的应用大大缩短了这个过程，设计出的新高尔夫球头用 FDM 制作后，可以迅速地得到反馈意见并进行修改，大大加快了造型阶段的设计验证，一旦设计定型，FDM 最后制造出的 ABS 原型就可以作为加工基准在 CNC 机床上进行钢制母模的加工。新的高尔夫球杆整个开发计划在 7 个月内就全部完成，缩短了 40%的研发时间。目前，FDM 快速原型技术已成为 Mizuno 美国公司在产品开发过程中起决定性作用的组成部分。

4) FDM 在福特公司的应用

福特公司常年需要部件的衬板，在部件从一厂到另一厂的运输过程中，衬板用于支撑、缓冲和防护。衬板的前表面根据部件的几何形状而改变。福特公司一年间要使用一系列的衬板，一般地，每种衬板改型要花费成千万美元和 12 周时间制作必需的模具。新衬板的注塑消失模被联合公司选作生产部件后，部件的蜡靠模采用 FDM 制作，制作周期仅 3 天。其间，必须小心地检验蜡靠模的尺寸，测出模具收缩趋向。紧接着从铸造石蜡模翻出 A2 钢模，该处理过程将花费一周时间。接着车削模具外表面，划上修改线和水平线以便机械加工。该模具在模具后部设计成中空区，以减少用钢量，中空区填入化学黏结瓷。仅花 5 周时间和原来一半的成本，而且，制作的模具至少可生产

30000 套衬板。采用 FDM 工艺后，福特汽车公司大大缩短了运输部件衬板的制作周期，并显著降低了制作成本。

5) FDM 在韩国现代公司的应用

韩国现代汽车公司采用了美国 Stratasys 公司的 FDM 快速原型系统，用于检验设计、进行空气动力评估和功能测试。采用 ABS 工程塑料的 FDM Maxum 系统满足了两者的要求，在 1382 mm 的长度上，其最大误差只有 0.75 mm。

3. FDM 技术的特点

FDM 快速成型工艺的优点如下：

(1) 成本低。熔融沉积造型技术用液化器代替了激光器，设备费用低；另外，原材料的利用效率高且没有毒气或化学物质的污染，使得成型成本大大降低。

(2) 采用水溶性支撑材料，使得去除支架结构简单易行，可快速构建复杂的内腔、中空零件以及一次成型的装配结构件。

(3) 原材料以卷轴丝的形式提供，易于搬运和快速更换。

(4) 可选用多种材料，如各种色彩的工程塑料(ABS、PC、PPS)以及医用 ABS 等。

(5) 原材料在成型过程中无化学变化，制件的翘曲变形小。

(6) 用蜡成型的原型零件，可以直接用于熔模铸造。

(7) FDM 系统无毒性且不产生异味、粉尘、噪音等污染，不用花钱建立与维护专用场地，适合于办公室设计环境使用。

(8) 材料强度、韧性优良，可以装配起来进行功能测试。

FDM 成型工艺与其它快速成型工艺相比，也存在如下许多缺点：

(1) 原型的表面有较明显的条纹。

(2) 与截面垂直的方向强度小。

(3) 需要设计和制作支撑结构。

(4) 成型速度相对较慢，不适合构建大型零件。

(5) 原材料价格昂贵。

(6) 喷头容易发生堵塞，不便维护。

2.1.4 LOM 技术

分层实体成型工艺(Laminated Object Manufacturing，LOM)技术是历史最为悠久的 3D 打印成型技术，也是最为成熟的 3D 打印技术之一。LOM 技术自 1991 年问世以来得到迅速的发展。

1. LOM 技术的基本原理

分层实体成型系统主要由控制计算机、数控系统、原材料存储与运送部件、热粘压部件、激光切割系统、可升降工作台等部分组成。

控制计算机负责接收和存储成型工件的三维模型数据，这些数据主要是沿模型高度方向提取的一系列截面轮廓。原材料存储与运送部件(收料轴和供料轴)将把存储在其中的原材料(底面涂有黏合剂的薄膜材料)逐步送至工作台上方。激光切割系统将沿着工件截面轮廓线对薄膜进行切割。

可升降工作台能支撑成型的工件，并在每层成型之后降低一个材

料厚度以便送进将要进行黏合和切割的新一层材料。最后热粘压部件将会一层一层地把成型区域的薄膜粘合在一起，如此重复上述步骤直到工件完全成型。

图 2.9 给出了 LOM 的工艺原理。

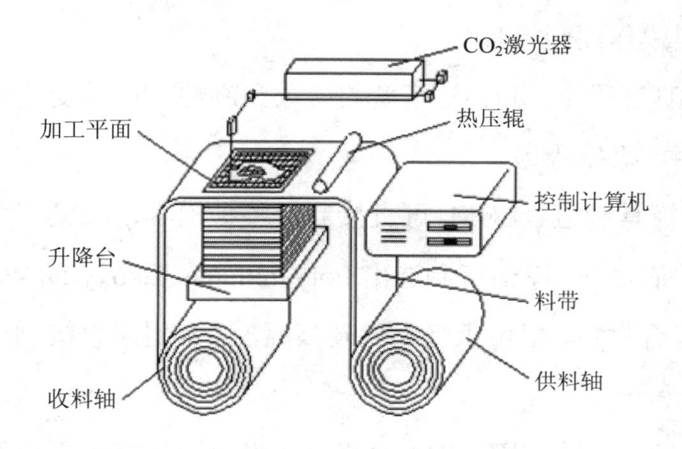

图 2.9　LOM 工艺原理图

2. LOM 技术应用

近年来随着快速成型技术的飞速发展，LOM 技术的推广应用也越来越广泛。

(1) 直接熔模铸造。因 LOM 模型不会膨胀，所以不会把陶瓷外壳弄裂，特别适用于熔模铸造过程中。

(2) 非直接熔模铸造 LOM 模型。可作低价硬模具，用来制造小至中量蜡板供熔模铸造过程使用。

(3) 硅胶模具。因 LOM 模型不会有相位改变和抵抗收缩，所以特别适合于制造精密硅胶模具。与传统的母模制造方式相比，LOM

技术具有制造柔性大、效率高、质量好、成本低的显著优势，故符合当今多品种、小批量且快速响应市场的制造业需要，为液体硅橡胶真空注型制模技术注入了新的活力。

(4) 喷涂金属模塑。LOM 模型的准确和稳定性，可用来为制造喷涂金属模作注塑模具。

(5) 真空吸塑。LOM 模型的持久和刚性，可承受高温和高压，特别适用于真空吸塑。

(6) 模具制造。LOM 可直接制造各种模具，纸模腔只需涂上脱模剂并注满原料后，便可制造出 Polyurethane、Epoxy 或 Wax 等样板。坚固的复合材料，更可承受高压及高温，适合用来直接制造塑胶注塑模具。

(7) 砂型铸造。因 LOM 过程只需经过每一横截面的周边，加上便宜的 LOM 原料，所以特别适合制造庞大的实心固体模型，如应用于砂型铸造中。

(8) 石膏铸造。LOM 模型的尺寸稳定且精密度高，所以特别适合于石膏铸造中，而纸原料性质与木制原料很近似，因此可运用传统木工打磨方法来得到极光滑的铸造表面。

3. LOM 技术的特点

1) LOM 技术在成型空间大小方面的优势

各种类型的快速成型系统“加工”的工件最大尺寸都不能超过成型空间的最大范围。由于 LOM 系统使用的纸基原材料有较好的黏接性能和相应的力学性能，可将超过 RP 设备限制范围的大工件优化分

块，使每个分块制件的尺寸均保持在 RP 设备的成型空间之内，分别制造每个分块，然后把它们粘接在一起，合成所需大小的工件。所以说 LOM 技术适合制造较大的工件。

2) LOM 技术在原材料成本方面的优势

每种类型的系统都对其成型材料有特殊的要求，比如 LOM 技术要求易切割的片材，SLS 技术要求颗粒较小的粉材，SLA 技术要求可光固化的液体材料，FDM 技术要求可熔融的线材。这些成型原材料不仅在种类和性能上有差异，而且在价格上也有较大的差距。

常用快速成型系统就原材料成本方面相比较，FDM 和 SLA 的材料价格较昂贵，SLS 的材料价格适中，LOM 的材料价格最便宜。

3) LOM 技术在成型工艺加工效率方面的优势

根据离散堆积的工艺原理，最小成型单位越大，成型效率越高。而最小成型单位可以是点、线或面，其大小直接影响快速成型的加工效率；基本构成过程可划分为：由点构成线(用①代表)，线再构成面(用②代表)，最后由面堆积成体(用③代表)。成型方式也就有三种基本形式：最基本的一种方式是由点构成线，然后由线构成面，再由面构成体，即①—②—③；第二种方式是由线构成面，再由面构成体，即②—③；第三种方式则更为直接，是由面直接构成体，即③。

以上对比的几种典型工艺成型方式中，LOM 技术以面作为最小成型单位，因此具有最高的成型效率。

目前国内常见的个人级 3D 打印机多用此技术。表 2.1 为 SLA、LOM、SLS 和 FDM 相互之间的性能比较。

表 2.1　SLA、LOM、SLS 和 FDM 性能比较

设备类型	成形头	加工工艺	原材料类型	材料形态	成品原型	成型机理	反应形式	主要特点及性能	突出优点
SLA	激光或紫外光	立体平板印刷	光敏树脂、光敏树脂+陶瓷(金属)	液态或液态+粉末	产品原型多为单件生产	一层层液体固化	光聚合反应	设备昂贵，原材料贵，加工成本高，激光器寿命短，维护费用高，适合用于小件、精密件的制造	分辨率高、精度高、表面质量好
FDM	喷头	熔化沉积制造	石蜡、热塑性塑料、金属(陶瓷)	熔融态(线材)	产品原型多为单件生产	一层层喷射固化	冷却固化	自动加支撑，操作难度小，但制造速度慢；制造硬度高，韧性稍差，不致密，有空隙；精度中等	原材料适用性好、成本较低
SLS	激光	选择性激光烧结	石蜡、酚醛树脂塑料、金属等粉末状物质	(小颗粒)固体粉末	产品原型多为单件生产	一层层烧结	烧结冷却	制件强度好、韧性好；既可做样件，也可做蜡模；制造价格适中，运行成本低；精度中等	原材料应用范围广
LOM	激光	分层实体制造	专用纸、塑胶、金属带、陶瓷带或复合材料	(易切割的)薄片材料	产品原型多为单件生产	一层层粘接	粘接作用	适用于制造大型实心样件，直接成型铸造木模，效率高，速度快	加工速度快，成本低

2.2　3D 打印耗材

3D 打印材料是 3D 打印技术发展的重要物质基础，在某种程度上，材料的发展决定着 3D 打印能否有更广泛的应用。目前，3D 打印材料主要包括工程塑料、光敏树脂、橡胶类材料、金属材料和陶瓷材料等，除此之外，彩色石膏材料、人造骨粉、细胞生物原料以及砂糖等食品材料也在 3D 打印领域得到了应用。3D 打印所用的这些原材料都是专门针对 3D 打印设备和工艺而研发的，与普通的塑料、石膏、树脂等有所区别，其形态一般有粉末状、丝状、层片状、液体状等。通常，根据打印设备的类型及操作条件的不同，所使用的粉末状 3D 打印材料的粒径为 1～100 μm 不等，而为了使粉末保持良好的流动性，一般要求粉末要具有高球形度。

1. 工程塑料

工程塑料指被用作工业零件或外壳材料的工业用塑料，是强度、耐冲击性、耐热性、硬度及抗老化性均优的塑料。工程塑料是当前应用最广泛的一类 3D 打印材料，常见的有 Poly Lactic Acid(PLA，聚乳酸)类材料、Acrylonitrile Butadiene Styrene(ABS)类材料、Poly Carbonate (PC)类材料、尼龙类材料等。

聚乳酸(PLA)是 Fused Deposition Modeling(FDM，熔融沉积造型)快速成型工艺常用的一种新型的生物基及可生物降解材料，使用可再生的植物资源(如玉米)所提出的淀粉原料制成。淀粉原料经由糖化得

到葡萄糖，再由葡萄糖及一定的菌种发酵制成高纯度的乳酸，再通过化学合成方法合成一定分子量的聚乳酸。聚乳酸具有良好的生物可降解性，使用后能被自然界中的微生物在特定条件下完全降解，最终生成二氧化碳和水，不污染环境，这对保护环境非常有利，是公认的环境友好材料。事实上，普通 PLA 材料的性能比较脆，黏度大，生产厂商一般都要经过特殊改性，才能保证 PLA 成为性能优良的 FDM 打印材料。据了解，武义斯汀纳睿三维科技有限公司研发出一种性能优良的 3D 打印材料配方，获得了国家发明专利。材料在改性复合后，不用添加任何增白剂就能呈现蚕丝白效果，黏度也比普通 PLA 大大降低，所以支撑更加容易去除。这种材料上市后得到同行企业的一致推荐，并连续两年被评为“行业首选推荐品牌”。

ABS 材料是另一种 FDM 快速成型工艺常用的热塑性工程塑料，具有强度高、韧性好、耐冲击等优点，正常变形温度超过 90℃，可进行机械加工(钻孔、攻螺纹)、喷漆及电镀。ABS 材料的颜色种类很多，如象牙白、白色、黑色、深灰、红色、蓝色、玫瑰红色等，在汽车、家电、电子消费品领域有广泛的应用。然而，ABS 作为 FDM 打印材料的一个显著问题是，当产品成型尺寸在 200 mm 以上时，会产生翘边现象，进而影响到产品的使用精度。为此，橡皮泥 3D 云平台的打印工程师们经过长时间的研究和测试，提出用多孔加热底板和打印机室内 50℃恒温加热，很好地解决了 ABS 大尺寸产品成型过程中的翘边问题。

PC 材料是真正的热塑性材料，具备工程塑料的所有特性：高强

度、耐高温、抗冲击、抗弯曲，可以作为最终零部件使用。使用 PC 材料制作的样件，可以直接装配使用，应用于交通工具及家电行业。PC 材料的颜色比较单一，只有白色，但其强度比 ABS 材料高出 60%左右，具备超强的工程材料属性，广泛应用于电子消费品、家电、汽车制造、航空航天、医疗器械等领域。

尼龙玻纤是一种白色的粉末，与普通塑料相比，其拉伸强度、弯曲强度有所增强，热变形温度以及材料的模量有所提高，材料的收缩率减小，但表面变粗糙，冲击强度降低。材料热变形温度为 110℃，主要应用于汽车、家电、电子消费品领域。

PC-ABS 材料是一种应用最广泛的热塑性工程塑料。PC-ABS 具备了 ABS 的韧性和 PC 材料的高强度及耐热性，大多应用于汽车、家电及通信行业。使用该材料配合 FORTUS 设备制作的部件强度比传统的 FDM 系统制作的部件强度高出 60%左右，所以使用 PC-ABS 能打印出包括概念模型、功能原型、制造工具及最终零部件等热塑性部件。

Poly Carbonate-ISO(PC-ISO)材料是一种通过医学卫生认证的白色热塑性材料，具有很高的强度，广泛应用于药品及医疗器械行业，用于手术模拟、颅骨修复、牙科等专业领域。同时，因为具备 PC 的所有性能，也可以用于食品及药品包装行业，做出的样件可以作为概念模型、功能原型、制造工具及最终零部件使用。

Poly SUlfone(PSU)类材料是一种琥珀色的材料，热变形温度为 189℃，是所有热塑性材料中强度最高、耐热性最好、抗腐蚀性最优

的材料，通常作为最终零部件使用，广泛用于航空航天、交通工具及医疗行业。PSU 类材料能带来直接数字化制造体验，性能非常稳定，通过与 FORTUS 设备的配合使用，可以达到令人惊叹的效果。

为减少 FDM 成型后期去除支撑材料的麻烦，有人使用新型材料作为成型物体的支撑材料。其原理是，在打印过程中使用双喷头 FDM 打印机，一个喷头用于挤出物体成型材料，而另一个喷头则用来挤出支撑材料。打印完成后，支撑材料部分不需要人工去除，仅需要简单的物理化学方法就可以轻松剥离。

目前市面上的支撑材料大体分为溶剂型支撑材料和非溶剂型支撑材料两类。其中，溶剂型支撑材料又分为碱溶性支撑和醇溶性支撑。美国 Stratasys 公司采用 5%的 NaOH 水溶液来溶解支撑材料。HIPS 也被用作支撑材料，以柠檬烯为溶剂进行溶解。但作为支撑材料，市场上最多见的是 PVA 材料。上述三种材料都不同程度地存在一些问题，比如碱性溶液腐蚀性强，柠檬烯溶剂有刺激性气味且使用成本高，PVA 与其他材料在黏附性和吸潮性方面的表现也常常为行业技术人员所诟病。过去几年，国内外很多企业试图解决支撑材料存在的技术问题。目前，中石化北京燕山石化高科技术有限公司与武义斯汀纳睿三维科技有限公司合作开发的水溶性材料彻底解决了以上问题，并获得了国家发明专利。该新型材料仅在热水中就可以被溶解，没有味道，更加环保和安全。这就意味着，支撑材料的去除从此不需要使用酸碱盐等溶剂。据了解，这款水溶性材料还在持续研发改进，有望从性能、成本和用户体验各方面达到国际领先水平。

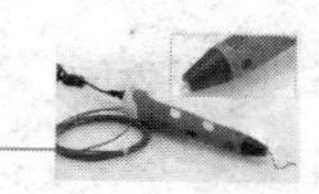

2. 光敏树脂

光敏树脂即 Ultra Violet Rays(UV)树脂，由聚合物单体与预聚体组成，其中加有光(紫外光)引发剂(或称为光敏剂)。在一定波长的紫外光(2500～300 nm)照射下能立刻引起聚合反应完成固化。光敏树脂一般为液态，可用于制作高强度、耐高温、防水材料。目前，研究光敏材料 3D 打印技术的主要有美国 3D Systems 公司和以色列 Objet 公司。常见的光敏树脂有 Somos NEXT 材料、树脂 Somos 11122 材料、Somos 19120 材料和环氧树脂。

Somos NEXT 材料为白色材质，类 PC 新材料，韧性非常好，基本可达到 Selective Laser Sintering(SLS，选择性激光烧结)制作的尼龙材料性能，而精度和表面质量更佳。Somos NEXT 材料制作的部件拥有迄今最优的刚性和韧性，同时保持了光固化立体造型材料做工精致、尺寸精确和外观漂亮的优点，主要应用于汽车、家电、电子消费品等领域。

Somos 11122 材料看上去更像是真实透明的塑料，具有优秀的防水和尺寸稳定性，能提供包括 ABS 和 PBT 在内的多种类似工程塑料的特性，这些特性使它很适合用在汽车、医疗以及电子类产品领域。

Somos 19120 材料为粉红色材质，是一种铸造专用材料。成型后可直接代替精密铸造的蜡膜原型，避免了开发模具的风险，大大缩短了周期，拥有低留灰烬和高精度等特点。

环氧树脂是一种便于铸造的激光快速成型树脂，它含灰量极低(800℃时的残留含灰量≤0.01%)，可用于熔融石英和氧化铝高温型壳体系，而且不含重金属锑，可用于制造极其精密的快速铸造型模。

3. 橡胶类材料

橡胶类材料具备多种级别弹性材料的特征，这些材料所具备的硬度、断裂伸长率、抗撕裂强度和拉伸强度，使其非常适合于要求防滑或柔软表面的应用领域。3D 打印的橡胶类产品主要有消费类电子产品、医疗设备以及汽车内饰、轮胎、垫片等。

4. 金属材料

近年来，3D 打印技术逐渐应用于实际产品的制造，其中，金属材料的 3D 打印技术发展尤其迅速。在国防领域，欧美发达国家非常重视 3D 打印技术的发展，不惜投入巨资加以研究，而 3D 打印金属零部件一直是研究和应用的重点。3D 打印所使用的金属粉末一般要求纯净度高、球形度好、粒径分布窄、氧含量低。目前，应用于 3D 打印的金属粉末材料主要有钛合金、钴铬合金、不锈钢和铝合金材料等，此外还有用于打印首饰用的金、银等贵金属粉末材料。

钛是一种重要的结构金属，钛合金因具有强度高、耐蚀性好、耐热性高等特点而被广泛用于制作飞机发动机压气机部件，以及火箭、导弹和飞机的各种结构件。钴铬合金是一种以钴和铬为主要成分的高温合金，它的抗腐蚀性能和机械性能都非常优异，用其制作的零部件强度高、耐高温。采用 3D 打印技术制造的钛合金和钴铬合金零部件，

强度非常高，尺寸精确，能制作的最小尺寸可达 1mm，而且其零部件机械性能优于锻造工艺。

不锈钢以其耐空气、蒸汽、水等弱腐蚀介质和酸、碱、盐等化学侵蚀性介质腐蚀而得到广泛应用。不锈钢粉末是金属 3D 打印经常使用的一类性价比较高的金属粉末材料。3D 打印的不锈钢模型具有较高的强度，而且适合打印尺寸较大的物品。

5. 陶瓷材料

陶瓷材料具有高强度、高硬度、耐高温、低密度、化学稳定性好、耐腐蚀等优异特性，在航空航天、汽车、生物等行业有着广泛的应用。但由于陶瓷材料硬而脆的特点使其加工成型尤其困难，特别是复杂陶瓷件需通过模具来成型。模具加工成本高、开发周期长，难以满足产品不断更新的需求。

3D 打印用的陶瓷粉末是陶瓷粉末和某种黏结剂粉末所组成的混合物。由于黏结剂粉末的熔点较低，激光烧结时只是将黏结剂粉末熔化而使陶瓷粉末黏结在一起。在激光烧结之后，需要将陶瓷制品放入温控炉中，在较高的温度下进行后处理。陶瓷粉末和黏结剂粉末的配比会影响到陶瓷零部件的性能。黏结剂份量越多，烧结相对越容易，但在后置处理过程中零件收缩比较大，会影响零件的尺寸精度。黏结剂份量少，则不易烧结成型。颗粒的表面形貌及原始尺寸对陶瓷材料的烧结性能非常重要，陶瓷颗粒越小，表面越接近球形，陶瓷层的烧结质量越好。陶瓷粉末在激光直接快速烧结时液相表面张力大，

在快速凝固过程中会产生较大的热应力，从而形成较多微裂纹。目前，陶瓷直接快速成型工艺尚未成熟，国内外正处于研究阶段，还没有实现商品化。

6. 其他 3D 打印材料

除了上面介绍的3D打印材料外，目前用到的还有彩色石膏材料、人造骨粉、细胞生物原料以及砂糖等材料。

彩色石膏材料是一种全彩色的 3D 打印材料，是基于石膏的、易碎、坚固且色彩清晰的材料。基于在粉末介质上逐层打印的成型原理，3D 打印成品在处理完毕后，表面可能出现细微的颗粒效果，外观很像岩石，在曲面表面可能出现细微的年轮状纹理，因此，多应用于动漫玩偶等领域。

3D 打印技术与医学、组织工程相结合，可制造出药物、人工器官等用于治疗疾病。加拿大目前正在研发“骨骼打印机”，利用类似喷墨打印机的技术，将人造骨粉转变成精密的骨骼组织。打印机会在骨粉制作的薄膜上喷洒一种酸性药剂，使薄膜变得更加坚硬。

美国宾夕法尼亚大学打印出来的“鲜肉”，是先用实验室培养出的细胞介质生成类似鲜肉的代替物质，以水基溶胶为黏合剂，再配合特殊的糖分子制成。还有尚处于概念阶段的用人体细胞制作的生物墨水，以及同样特别的生物纸。打印的时候，生物墨水在计算机的控制下喷到生物纸上，最终形成各种器官。食品材料方面，目前，砂糖 3D 打印机 Candyfab 4000 可通过喷射加热过的砂糖，直接做出具有

各种形状，美观又美味的甜品。图 2.10 为用 3D 打印机打印的糖果和巧克力。

(a) 糖果

(b) 巧克力

图 2.10　3D 打印的糖果和巧克力

2.3　调查——3D 打印现状 2016

早在 2015 年 5 月，国外 3D 打印服务企业 Sculpteo 首次发布了名为《3D 打印现状(State of 3D Printing)》的行业调查报告，很受欢迎。2016 年，该公司延续了调查工作，发布《3D 打印现状 2016(The State of 3D Printing 2016)》，橡皮泥 3D 团队第一时间翻译并发布了这篇报告的中文版本。

此次报告是基于 Sculpteo 公司从 1 月下旬到 3 月底对 1000 位受访者进行在线调查获得的结果总结而成的。

据了解，这 1000 位受访者分别来自欧洲(55%)、美国(39%)、亚洲(5%)和非洲(1%)的 53 个不同的国家，同时分布在消费品、工业产品、高科技、服务、娱乐和电子等 19 个不同行业。值得关注的是，

这项调查主要集中在对 3D 打印产业的应用，以及高端用户、特定领域应用的详细分析，并进行年度数据比较。

《3D 打印现状 2016(The State of 3D Printing 2016)》的主要结论如下：

(1) 2016 年，3D 打印技术最被看重的三大优势是加速产品开发(26%)、提供定制产品和限量系列(18%)，并增加生产的灵活性(11%)。

其他被广泛认可的优势包括降低产品演示成本(8%)、减少模具投资(8%)、实现与用户的协同设计(6%)和改善备用产品库存与分配管理(4%)。值得关注的是，从 2016 年到 2021 年，受访者认为 3D 打印技术将在增加生产的灵活性方面更为重视，这说明人们普遍预期 3D 打印将日益融入主流生产工艺。

(2) 调查结果比较了 2015、2016 以及 2016 专业领域里 3D 打印机的应用情况。这个问题是个可多选的问题。调查结果进一步显示，3D 打印技术正在被用于整个组织的额外任务。不难看出，2016 年，3D 打印的主要应用包括制造原型(55%)、验证概念(29%)和生产产品(24%)。

(3) 在最有可能影响 3D 打印技术的未来趋势选项中，23%的受访者提到了创新，19%选择平民化，还有 19%的人提到了效率。其中，总共有 15 个值得注意的关键词被提到。

(4) 相比其他用户，高端用户更加倾向于用 3D 打印技术缩短产品的开发周期、定制个性化产品和提供限量系列的产品服务。通过比较的结果我们可以看到，优先选择这两项的高级用户比例是所有用户

的两倍以上。

(5) 调查的一项重要结果显示，93%的受访者将 3D 打印技术视为影响其职业规划的一项竞争实力。

在 2016 年 44%的高端用户正在招聘新的岗位，普通 3D 打印用户的这个比例为 32%。在对投资收益(ROI)的调查中发现，从 2014 年到 2015 年，40%的高端用户获得了超过 101%的销售增加。尽管驱动这种增长的确切因素不在研究范围内，但是很明显，在 3D 打印工艺和技术方面的专长可以转化为收入增长的因素之一。

(6) 在 2016 年，选择性激光烧结(SLS)是所有 3D 打印技术中最受欢迎的技术(38%)。紧随其后的是熔融沉积成型(FDM)(31%)、光固化(SLA)(14%)和 Multijet/Polyjet(7%)。

(7) 2016 年，塑料是占主导地位的 3D 打印材料(73%)，这主要归因于用户更多选择低成本和快速度的成型方式。在这些 3D 打印塑料材料中，聚乳酸(PLA)是最流行的。除塑料以外，其他材料包括树脂(26%)、金属(23%)、砂岩(13%)和蜡(8%)。

2.4　3D 打印的技术发展趋势

3D 打印技术的发展，实际上是成型工艺、原材料和设计程序这三大要素螺旋式创新的过程。从三要素的发展历史看，以上三者互为支撑，彼此关连，其中一个要素的突破往往能为另外两大要素提供技术支持，从而为 3D 打印产业链的应用打开更广阔的空间，改善其在各个细分市场上的性价比。从 3D 打印发展阶段看，目前我们正处于控制物体形状的初级水平，未来将向着控制物质构成的方向发展。也就是说，不仅仅塑造外部几何形状，而且要实现多元材料、多元结构的同时打印，从而创造特定形状、特定功能的全新材料。从更加长远的愿景看，未来的 3D 打印，将超越对物体形状、结构的控制，将会把程序编写进材料，使其具备我们所需要的功能。我们不再打印被动的零部件和材料，而是打印能够感知、反应、计算和行动的智能系统。

(1) 成型工艺方面，提高打印精度、速度，多材料同时打印，降低成本是成型工艺当前的发展趋势。目前主要有选择性沉积、选择性黏合以及分层超声波焊接三大主流技术路线，美国材料与试验协会(ASTM)目前给出的 6 种技术标准分类也可大体归入这三条技术路线。从成型工艺的发展历史看，在 20 世纪 80、 90 年代，三大技术路线都已经出现，并逐渐成熟；21 世纪初以来，革命性的工艺已鲜有问世，技术进展主要体现为已有的三大技术路线的精益求精。

当前主要的发展趋势有三个：一是提高打印精度和速度，但二者性能的提升似乎又是个悖论，打印精细程度的上升往往意味着加工速度的减慢，如何将二者兼顾有赖于技术进步；二是研发能支持更多打印原材料的设备，比如最近十年发展最快的金属材料，而未来，多元材料同时打印将是 3D 打印成型工艺发展的核心；三是为了 3D 打印更为广泛的应用，降低打印设备的成本，尤其是降低其中诸如激光发射器等核心部件的成本，是未来重要的发展方向。事实上，开源 3D

打印机系统已使得简易的民用级 3D 打印机的成本大幅度下降，自行设计 3D 打印机已成为可能。

(2) 原材料方面，材料种类更加多元化、性能更好以及成本更低是未来的发展趋势。可供 3D 打印的材料有 300 多种，按照实现 3D 打印应用的顺序看，塑料、尼龙、树脂、橡胶等高分子材料最先进入应用，也是目前技术最成熟、应用最广泛的材料，但是由于其强度不高、耐用性差、不耐高温、有毒、不环保等缺陷，应用范围受限；陶瓷、混凝土、玻璃、纸、蜡等也只能应用在特定细分领域。金属粉末是目前发展最快的领域，但是由于其加工难度大，如果液化打印则难以成型，采用粉末冶金方式，除高温还需要高压，且还要面对金属应力离散的问题，即材料在受到激光照射时，温度可达 2000℃以上，移开激光后便骤降到 200℃以下，材料经受不住这么大的温差，会出现开裂或变形。这些问题均导致其成本高昂，普及程度还远远不够，国内更是罕有公司涉及。这在某种程度上已构成当前 3D 打印技术向工业级应用渗透推广的最大瓶颈。以色列的 Objet(最近被 Stratasys 收购)是目前掌握最多打印材料的公司，它已经可以使用 14 种基本材料，并在此基础上混搭出 107 种材料，两种材料的混搭使用、上色也已经成为现实。但是，这些材料种类与人们生活的大千世界里的材料相比还相差甚远，同时，价格也一直居高不下。很明显，使 3D 打印材料多元化(尤其是实现复合材料同时打印)是追求的目标。

表 2.2 对常用 3D 打印原材料的优劣势进行了对比，并给出了各种材料的适用领域。

表 2.2 3D 打印常用原材料的优劣势和适用领域

材料	优 点	缺 陷
塑料	成本较低，易于塑型，目前成型工艺已经很成熟，特别是在民用消费品领域应用广泛	1. 光敏聚合物有毒，价格较高 2. 塑料难以降解，不环保 3. 塑料耐用性较差，不耐高温、易碎
陶瓷	表面光滑，质地坚固，尤其适合于医用的植入	材料在高温下容易变形，在烧结环节会有缩水、开裂和变形的危险
玻璃	主要用于艺术和珠宝打印	1. 疏水性，不能很好地黏附 2. 在高温下容易变形
金属	坚固耐用，根据不同的金属性质，适用于相应的金属机械功能件和结构件	1. 成本高昂 2. 由于金属应力的存在，塑型难度很大，在窑烧环节会有缩水、开裂和变形的危险 3. 成品表面往往不光滑、多孔，需要在后处理中抛光打磨 4. 某些金属粉末若处理不当会爆炸，需要氮气充填密封腔

设计程序是经常被人们忽视的领域，但事实上，程序设计的设计精度以及目前软件对成型工艺的支持程度远未达到理想状态。程序设计大致可以分为 3D 建模程序设计和 3D 打印机固件程序设计两部分。在 3D 建模软件方面，目前已从简单的实体建模提升到曲面建模(广泛用于动画 CG 制作)以及光学扫描(如三维扫描、点云等)的阶段，但缺陷在于无法实现对模型内部结构的详细刻画，同时，分辨率的提升也面临计算机处理能力的瓶颈。固件程序设计方面，目前最广泛应

用的是 3D 打印机发明人 Charles Hull 在 1987 年发明的 STL 语言，但这种语言是和当时的成型工艺相配合的一种因陋就简的语言，对于当前更高的精度、多元材料的成分控制均已力不从心。基于此，未来的设计程序的发展趋势有三个，一是在 3D 建模方面实现对物体内部结构的刻画；二是实现对多元材料同时打印的控制；三是革新 STL 语言，使 3D 打印机固件能够读取更为复杂、海量的 3D 模型数据。事实上，2010 年已出现了一种更完善的 AMF 语言格式，正在逐渐取代 STL 的传统领地。

表 2.3 给出了目前 3D 打印技术三要素在性价比改善中的重要性排序。

表 2.3　目前 3D 打印技术三要素在性价比改善中的重要排序

性　能	打印设备	原材料	设计程序
精度	★★★	★★	★★
广度	★★	★★★	★
速度	★★★	★★	★
降低成本	★★★	★★★	★

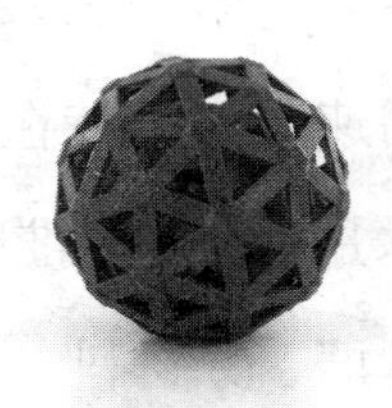

第 3 章　3D 打印的产业发展

3.1　产 业 链 概 述

Wohlers Associates 的数据显示，2012 年，全球 3D 打印产业的销售收入规模已达 22.04 亿美元，比 2011 年增长 28.6%。2013 年全球 3D 打印市场规模约 40 亿美元，国内所占份额约 3 亿美元，国内企业在全球市场中占据着较小的份额。数据的背后则隐藏着更多的现实真相，未来 3～5 年将是 3D 打印技术最为关键的发展机遇期。2015 年我国 3D 打印产值为 80 亿元人民币，如果推进顺利，2016 年将翻一番，接近 200 亿元人民币。3D 打印市场规模增长较稳，从 1993 年至 2012 年的 19 年间，年均增速为 17.7%。3D 打印产业包括上游的打印材料、中游的打印设备、相关外设及其设计软件，以及下游的打印终端产品和工业设计服务等。如果从 2014 年算起，到 2018 年，3D 打印市场年均复合增速将超过 30%。

成本高昂是阻碍 3D 打印市场增长的最大桎梏。实际上，3D 打印市场规模增速基本维持在 40%以下，很难用爆发性增长来形容。其中，高昂的成本是 3D 打印推广的最大桎梏。3D 打印的直接制造成本主要分为设备折旧、原材料、设计成本和后处理成本，其中设备折旧(固定成本)和原材料(变动成本)占绝大多数。其中，设备折旧主要取决于 3D

打印机的购置成本和工件处理量对购置成本的分摊，原材料则主要取决于其制备和加工难度。显然，成本的下降只能依靠加工技术的不断进步以及生产 3D 打印机和原材料厂商的规模经济与同业竞争。

根据 Wohlers Associates 的预测，到 2021 年，3D 打印产值可达到 108 亿美元，年均增速 19.31%，但这可能低估了 3D 打印的能量。整个市场随着性价比的改善、应用的推广以及中国市场的逐渐渗透，行业产值每年至少会保持 28%以上的增速水平，2016 年预计达到 70 亿美元，2021 年有望提高到 241 亿美元的规模。另据 Wohlers Associates 在 2011 年做过的调查问卷结果，参加调查的 21 名业内专家对于 3D 打印产业的渗透率的一致预期为 8%，按照 2011 年 17.14 亿美元的产值，整个 3D 打印产业的产值空间应在 214.25 亿美元。更为乐观地看，按照全球 70 万亿的 GDP 规模，制造业大概占其中的 15%，规模约 10.5 万亿，如果 3D 打印的渗透率能够达到 1%，那就是 1050 亿美元的产业规模。

图 3.1 为 3D 打印市场产值及同比增速。

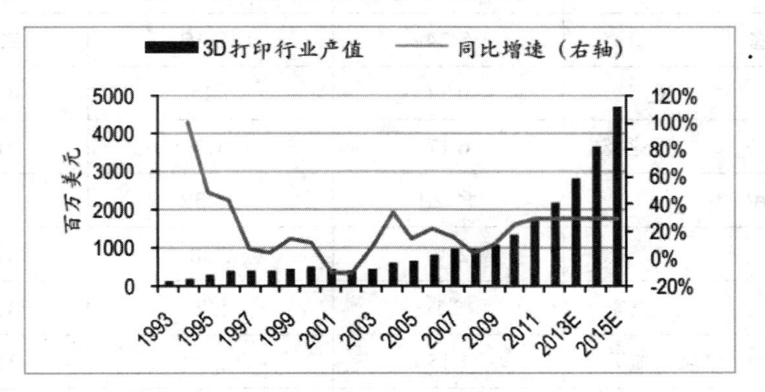

图 3.1　3D 打印市场产值及同比增速(数据来源：Wohlers Associates)

图 3.2 为 Wohlers 对行业产值的分析。

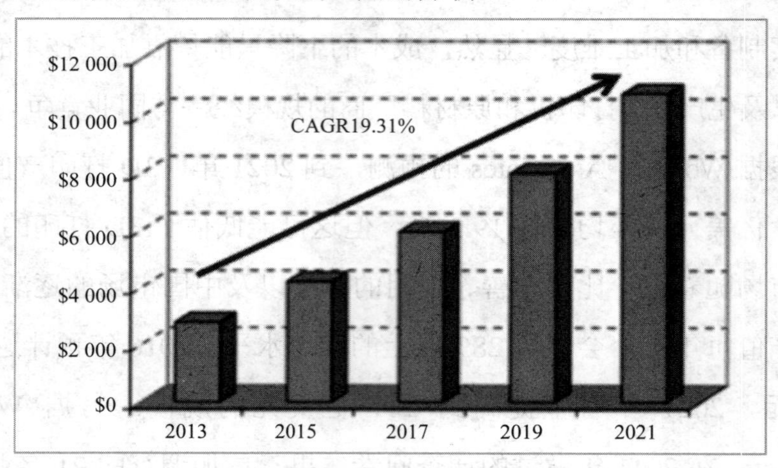

图 3.2　Wohlers 预测 2021 年行业产值将达到 108 亿美元

表 3.1 为 3D 打印产业细分市场的产值和增速分析。

表 3.1　3D 打印产业细分市场的产值和增速分析

	2013 年市场规模	2015 年市场规模	年均增速
原材料	**4.22**	**9.79**	**32%**
塑料材料(光敏)	2.11	6.1	42%
金属材料	0.25	0.76	45%
打印设备	**6.54**	**12.16**	**23%**
民用级	0.37	1.15	46%
工业级	6.17	11.01	21%
终端应用	**11.28**	**25.58**	**31%**
3C	2.46	5.58	31%
汽车	2.1	4.76	31%
航空航天	1.15	2.61	31%
医疗	1.85	4.20	31%

3.1.1　产业链上游——3D 打印耗材

3D 打印原材料市场规模正快速增长。2001—2012 年，3D 打印耗材销售收入年均增速 18%，且最近几年增速逐年上升，2012 年实现了 29.2%的同比增速，实现产值 4.22 亿美元。图 3.3 给出了 3D 打印原材料销售收入及同比增速分析。

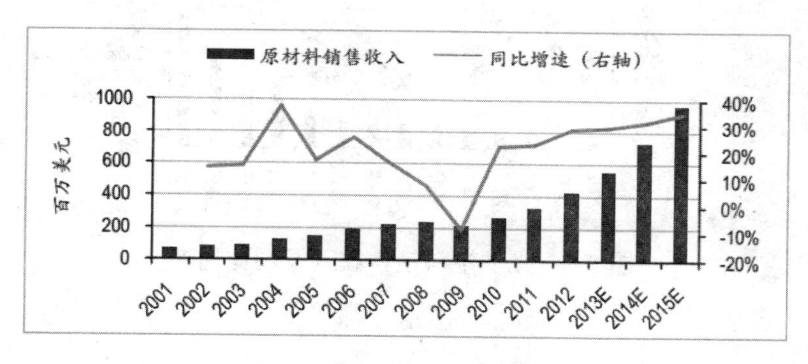

图 3.3　3D 打印原材料销售收入及同比增速

塑料耗材大范围推广是大势所趋，而且由于塑料种类多样，将为塑料耗材提供商创造广泛机会。从量上看，以塑料为代表的第一代 3D 打印耗材已经相当成熟且应用广泛，几乎可以应用在所有的主流工艺上，目前销售收入占比一直在六七成左右，随着 3D 打印市场需求的快速激活，特别是目前民用级打印机几乎都采用塑料作为耗材，这将为其开启广阔需求空间。从价上看，厂家多采用与 3D 打印设备捆绑销售的策略，使得其对 3D 打印设备的专属性很强，即使直接成本降低，而销售价格仍可以很高，具有较高的毛利率。从种类上看，塑料耗材包括 ABS、PVC、尼龙、环氧树脂等非常多的门类，这将为各类塑料耗材提供商创造广泛机会。光敏高分子聚合材料作为塑料耗材的主力，未来三年仍将保持增速逐年提升的态势。IDTechEx 最新研究报告显示，3D 打印材料市场规模在 2015 年将达到 80 亿美元。

图 3.4 给出光敏塑料销售收入及同比增速，图 3.5 给出光敏塑料、激光烧结塑料和金属材料的占比。

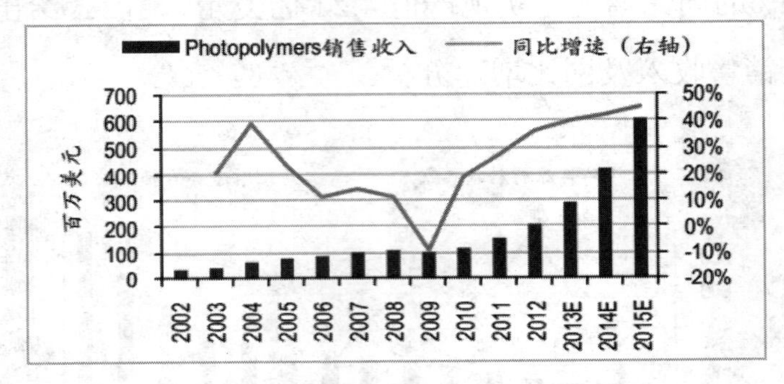

图 3.4　光敏塑料销售收入及同比增速

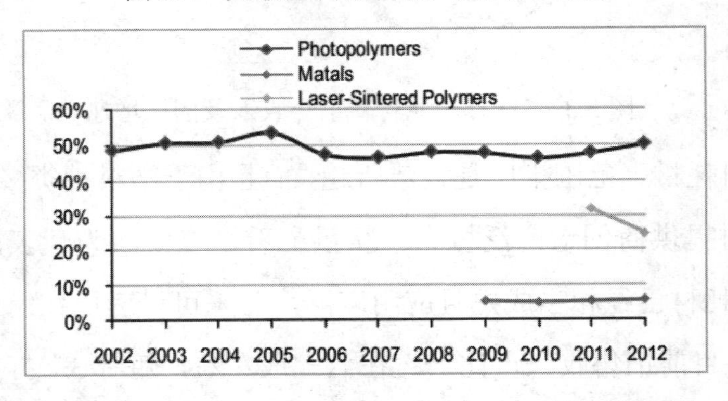

图 3.5　光敏塑料、激光烧结塑料和金属材料的占比

金属耗材囿于技术瓶颈最为稀缺，需求和利润空间巨大，2020 年市场规模有望达到 4.7 亿美元。2009—2014 年，3D 打印金属耗材销售收入年均增速 32.3%，2014 年达到 4800 万美元的产值规模，同比增速 49.39%。

金属耗材仍具有巨大的发展空间。从需求量上看，3D 打印应用金属材料囿于技术瓶颈一直拖累其产业化，航空航天、汽车高端复杂部件及其轻量化等方面都急需金属材料(甚至是混合金属材料)，特别是3D 打印可以通过一次性净成型解决传统金属加工中废料率高的问题，大大节省原料成本，提高其性价比。一旦克服了技术瓶颈，价格将会有所下降，将开启巨大的应用空间。我们预计，3D 打印金属耗材的市场规模增速将稳步上升，2016 年有望达到 7000 万美元以上。

从金属种类上看，金属材料的应用范围正在逐步拓宽。目前主要的金属材料包括工具钢、不锈钢、商用纯钛、钛合金、铝合金、镍基合金、钴铬合金、铜基合金、金、银等，未来将向性质更为多元化的混合材料扩展。

从利润率上看，由于加工难度和性能要求非常高，对构件强度、抗疲劳度、断裂韧性要求非常高，且目前掌握加工技术的制造商凤毛麟角，所以即使价格将随技术进步有所下降，但利润空间仍是巨大的。图 3.6 给出了 3D 打印金属耗材销售收入及同比增速。

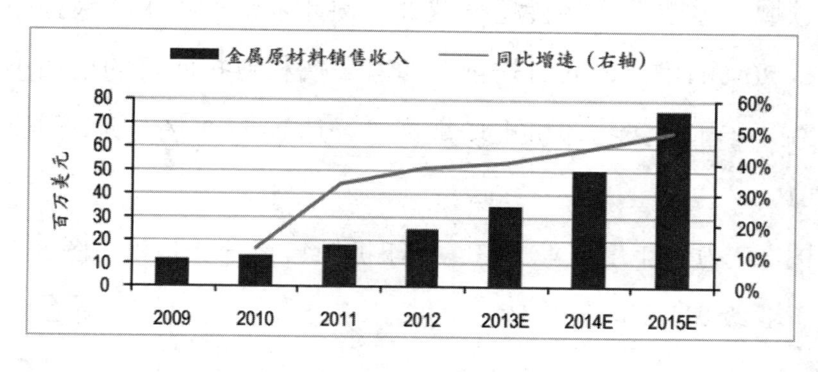

图 3.6　3D 打印金属耗材销售收入及同比增速

3.1.2 产业链中游——3D 打印设备

工业级打印机稳步增长，过去 24 年间年均复合增速 25.4%。Wohlers Associates 把高于 5000 美元的 3D 打印机定义为工业级，低于 5000 美元的 3D 打印机定义为民用级。依此口径，工业级打印机销量自 1988 年刚发明时的 34 台，已发展至 2012 年 7771 台的规模，年均复合增速不断提高，产值达 6.2 亿美元，目前保持稳步增长的态势。性价比的提升和下游需求的拓展将继续推动工业级 3D 打印机的稳步增长。首先，在技术要素的螺旋创新过程中，工业级 3D 打印机从打印精度、速度、可用材料范围方面得到很大提升。其次，随着技术进步和 3D 打印设备生产商的竞争，打印机均价已从 2001 年接近 12 万美元降至 8 万美元，降幅约 1/3，而 2010 年以来的价格上升则是由于金属材料的应用兴起使得对设备的性能要求提升所致。在此背景下，性价比的逐步改善使下游应用的经济性越来越高，应用领域和需求数量将会越来越大。预计未来三年工业级打印机仍将保持 20%的增速，同时均价会随着金属材料打印机的增加小幅上涨，2014 年工业级打印机市场规模已经达到 11.2 亿美元，同比增速为 30.1%。

图 3.7 为各年度工业级 3D 打印机销售量分布情况。图 3.8 为各年度工业级 3D 打印机均价。

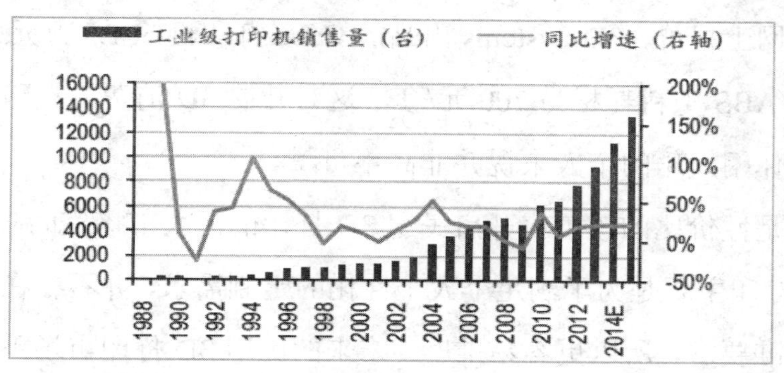

图 3.7　各年度工业级 3D 打印机销售量

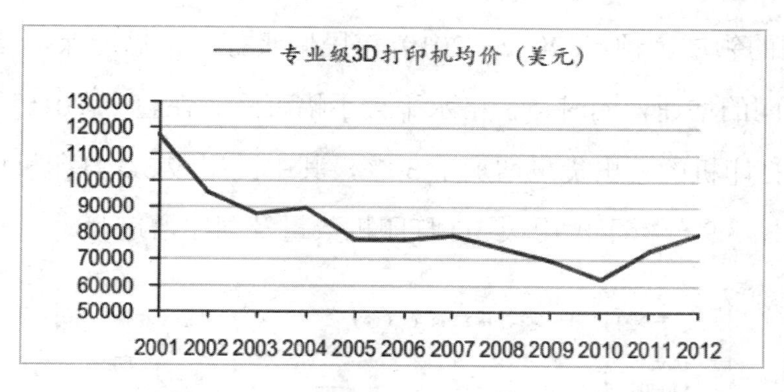

图 3.8　各年度工业级 3D 打印机均价

民用级打印机市场迅猛增长，销量从 2007 年的 66 台猛增到 2012 的 3.55 万台，出现了井喷式增长。虽然 2012 年的增速回落至 46%，这主要和初期尝鲜的需求暂时满足有关，民用级打印机未来仍有巨大的增长潜力。驱动增长的力量主要有三个：

一是民用级打印机在技术层面的门槛已经大大降低，设计程序、成型工艺和原材料这三要素在民用市场已经相当成熟。

二是民用打印设备和耗材的价格已出现了很大程度的降低，据统计，全球民用级打印机均价 2012 年已降至 1030 美元。根据目前京东商城的网上报价，3D Systems 出品的 Cube 打印机约 1.5 万元/台，相配套的 ABS 塑料耗材为 700 元/套，这对开展 3D 消费类打印服务的商家或休闲娱乐的个人来说并非高不可攀。

三是性价比的改善将开启民用 3D 打印的巨大市场空间。由于民用 3D 打印主要是为了满足个人个性化的定制需求，并不存在严格的工业标准要求，所以更容易推广。未来的民用 3D 打印市场不仅来自个人休闲娱乐，还来自教育、科研、艺术创作甚至 3D 打印食品等更为广阔的领域。预计 2017—2019 年民用级打印机仍能保持 50%～60%之间的增速，同时，价格水平会小幅下降。在整个 2015 年，全球 3D 打印机的总出货量增加了 30%，其中民用级 3D 打印机增长了 33%。图 3.9 分析了民用级 3D 打印机数量及同比增速。

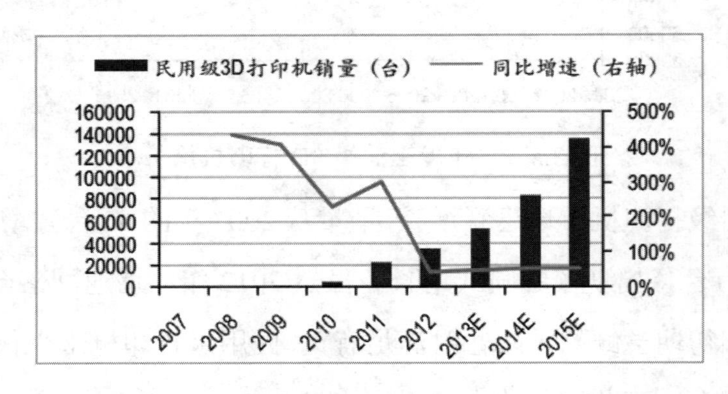

图 3.9　民用级 3D 打印机数量及同比增速

3.1.3　产业链下游——3D 打印终端应用

终端产品方面，3D 打印的工业级应用有广阔的前景。在 3D 打印的民用消费方面，由于个性化定制的属性非常强，终端产品很大程

度上将由分散的 3D 打印机用户来生产，从企业商业模式的进化阶段看，在目前 3D 打印的社区化“云制造”尚未成型的背景下，提供民用 3D 打印机远比提供民用的终端产品更为务实。

在工业级应用方面，有两个明显的趋势值得关注。一是从终端产品的消费占比上看，汽车、电子消费品、医疗、航空航天的占比稳步走高。二是从 3D 打印的下游应用市场占比上看，目前绝大多数的 3D 打印产品还是应用于工业设计，比如模具制造、功能型设计、展示模型、成像辅助设计等方面，但是直接部件制造的占比正在逐年上升。

图 3.10 给出 3D 打印终端产品消费占比变化情况。图 3.11 给出了 3D 打印下游应用市场占比变化情况。

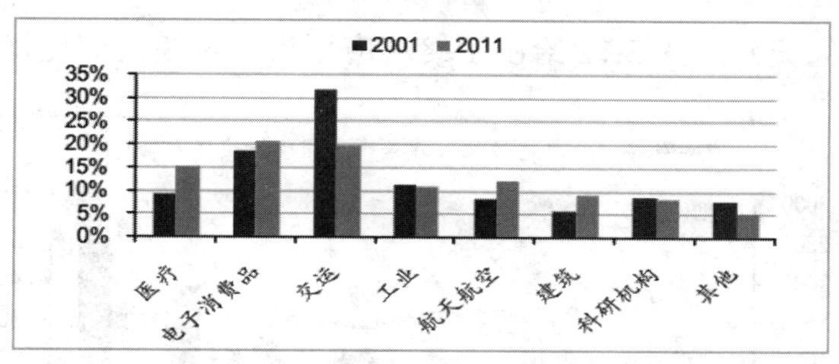

图 3.10　3D 打印终端产品消费占比变化

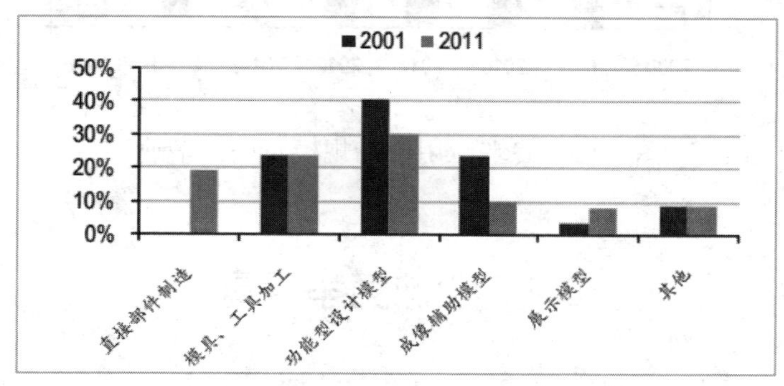

图 3.11　3D 打印下游应用市场占比变化

3D 打印的先天优势将使其在汽车、3C、航空航天和医疗等领域获得越来越多的应用。首先，在产品设计和加工模具阶段，3D 打印可以大大提升产品设计的自由度和样品性能，快速地进行功能测试和模具制作，缩短产品研发周期，迅速满足市场需求。第二，在直接部件制造阶段，对于定制化的部件，可以省却模具制造的大笔投入，通过“净成型”提高原材料利用率，降低材料成本，并且可以在多个产品之间任意转换。第三，由于是一次成型，可以省却传统制造中各种零件的设计、制造、组装、物流等环节，同时，3D 打印用于直接打印部件的应用正在快速推广。未来三年工业级应用将保持 30%左右的增速较快增长，2015 年市场规模由 2012 年 11.28 亿美元增至 2015 年 25.05 亿美元。图 3.12 给出了终端应用市场规模及同比增速情况。

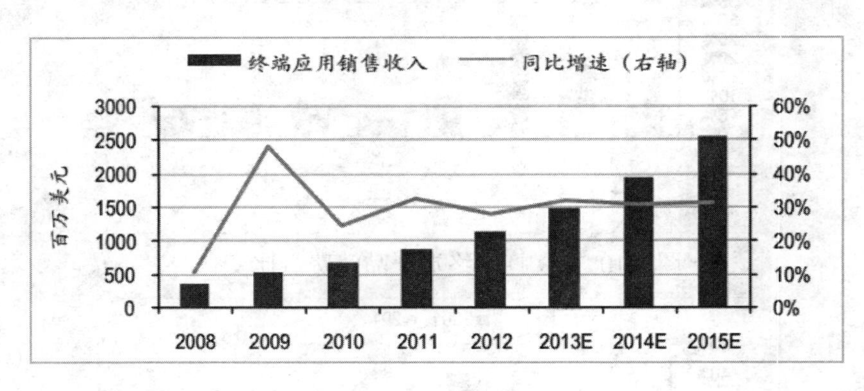

图 3.12 终端应用市场规模及同比增速

3.2 全球竞争格局

3D 打印正不断发展出新的商业模式和企业战略。3D 打印产业包

括上游的打印材料，中游的打印设备、相关外设及其设计软件，以及下游的打印终端产品和工业设计服务等三大环节。在技术进步和市场需求的推动下，企业根据自身能力和发展路径，不断发展出丰富多彩的商业模式，也采取了各具特色的企业战略。图 3.13 分析了 3D 打印产业链的三个环节。

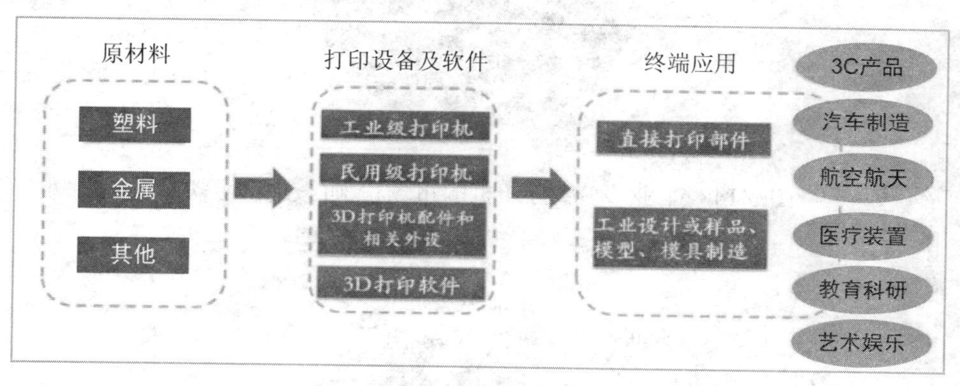

图 3.13　3D 打印产业链的三个环节

从目前发展最为成熟的 3D 打印机市场看，正在逐渐形成寡头垄断的格局。从市场份额看，欧美市场是目前最大的市场，Stratasys、3D System 等欧美公司是当之无愧的龙头。从分布地区看，目前 80%的工业级 3D 打印机的需求集中在美国和欧洲，以色列占 16%的市场份额主要得益于当地公司 Objet 的良好发展，亚洲仅占 5%。从制造商角度看，Stratasys(加上最近合并的 Solidscape 和 Objet)和 3D System 等的出货量占比高达 75%，是目前当之无愧的行业龙头。不过，中国的北京太尔时代公司以 1221 台的销量规模占比 2%，也预示了国内企业开始逐渐进入主流供应商行列。图 3.14 和图 3.15 展示了工业级 3D 打印机的市场份额分布情况。

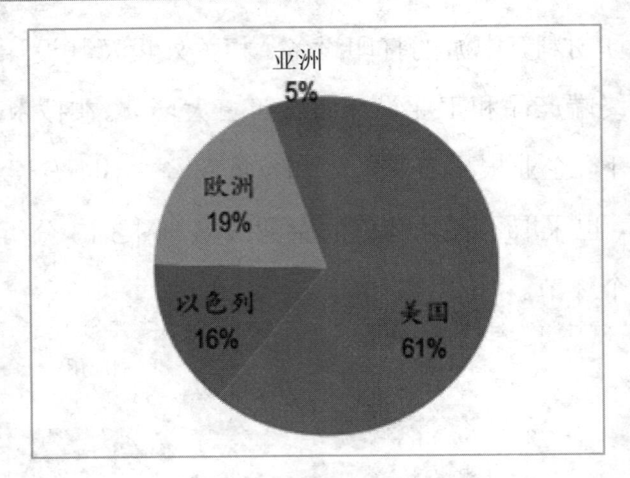

图 3.14　工业级 3D 打印机的市场份额(按地区分类)

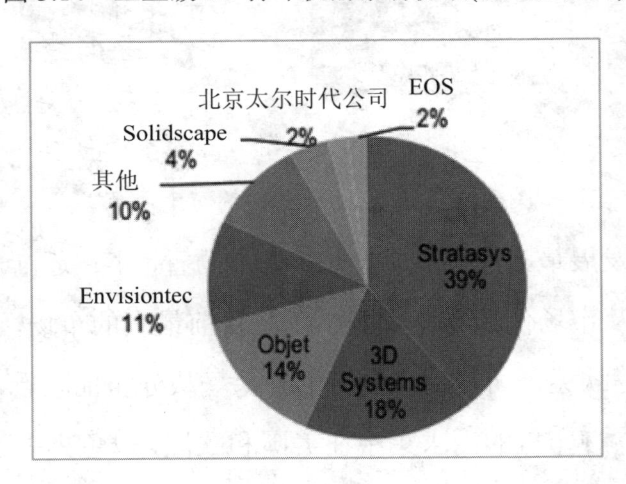

图 3.15　工业级 3D 打印机的市场份额(按制造商分类)

从企业发展路径看，3D 打印正处于依靠技术进步开疆扩土的阶段,发明并主力制造某项打印工艺的厂商往往掌握着在这个新兴行业做大做强的核心竞争力。由于打印耗材和下游应用对设备的依赖性极强，相关厂商可以很方便地以设备为基础，不断开发新材料和生发新应用，向上下游延伸或横向扩张规模，从而成长为全产业链通吃的

3D 打印整体解决方案提供商。同时，从利润率角度看，产业发展初期，耗材、终端产品一般与打印设备的毛利率相比并不逊色甚至还要高，这也对产业资本构成很强的吸引力。3D System 和 Stratasys 是龙头企业的典型代表。从产品线角度看，二者分别是目前应用最为广泛的立体光刻和 FDM 熔融成型的创始企业，并通过不断的收购和研发，扩张新的工艺路线，最终形成耗材、打印机设备及配件和打印产品与服务的三条产品线。从收入分拆来看，两家企业在三条产品线上均形成了较为可观的收入份额，且较为平均。从毛利率上看，值得注意的是，打印耗材的毛利率要远远高于设备制造和产品服务。

3D System 和 Stratasys 正在通过收购迅速做大做强。从 2009 年至 2013 年 5 月份，3D System 先后收购了 33 家企业，涉及领域包括 3D 打印设备、原材料制造、3D 扫描建模以及终端产品制造和服务等，正在成为一艘 3D 打印整体解决方案的超级航母。Stratasys 作为 FDM 工艺路线的创始企业，在 2002 年推出其热卖的 Dimension 后，奠定其在快速成型领域的全球领导地位，当年占全球 3D 打印设备市场 48.5%的份额。在 2011 年收购了 Material Jetting 工艺路线的领先者 Solidscape，获得其生产线、品牌、销售渠道和网上社区，2012 年又和以色列享有盛誉的 Polyjet 工艺的创始企业 Objet 合并，成为在美国和以色列拥有双总部的跨国公司。

2013 年 6 月 Stratasys 又收购了桌面级 3D 打印设备市场主导者 MakerBot，弥补廉价大众消费级市场的短板，并获得其网上 3D 互动社区，为用户提供教程和模型分享，进一步拓展了 Stratasys 的 3D 服

务能力。凭借一系列重磅级收购，Stratasys 迅速崛起，已成为可以与 3D Systems 分庭抗礼的另一龙头。

3.3 市场发展瓶颈

国内 3D 打印行业已经有 30 余年发展历史，早期的发展都被称为学院派，因为大部分都是在理论阶段，近几年随着国外在 3D 打印技术领域的突破以及在某些领域的应用，也让国内的学院派走向实践道路，同时很多商家嗅到商机，参与到这个领域中，一定程度上推动了国内 3D 打印行业的发展。一时间，3D 打印火遍大江南北，成为媒体竞相报道的焦点。图 3.16 即为媒体曾经报道过的 3D 打印物品。

图 3.16　媒体报道 3D 打印

看似美好，但是实际上 3D 打印行业的发展仍较为缓慢。除了在工业应用领域，3D 打印获得相对较快的发展，在更为广泛和普遍的商业应用和大众消费领域，3D 打印更多地还停留在噱头的阶段，大部分企业挣扎在生存线上。那么，到底是什么原因阻止了 3D 打印技

术像互联网技术一样的快速普及和商业化应用呢?

1. 大众化实用性差

当前3D打印对制造业有很大的辅助作用,但对于一般市民来说,3D 打印不具备实用性，所以用户面狭窄。当前国内运用最多的 3D 打印机为 FDM 机型，其价格从几千元到几万元不等，是一般市民能够承受的范围。但 FDM 只能用作打印塑料模型，耗材强度达不到用户期望，不能实际运用，对一般市民来说 3D 打印作用可有可无，从而致使 3D 打印用户群缩小，其商业应用的扩大也更无从谈起。

2. 技术门槛高

互联网技术的极速普及得益于互联网领域对易用性极致的创新，涌现了一批以极致用户体验而成功的公司，如苹果、谷歌、腾讯等。然而，在 3D 打印技术领域，这样的针对用户的创新却乏善可陈。

当前，能运用 CAD、3D MAX 等三维软件的人不多，除了从事建模职业、机械制造业的学生以及建模爱好者，其他人几乎完全对此陌生。3D 打印则需要三维模型图，才可打印出实实在在的模型，所以不会建模，3D 打印机买来也无用，只能放在家里当摆设。一般市民中会运用三维建模软件建模、修模的人可谓凤毛麟角，这是阻止 3D 打印大众化的原因之一。过高的技术门槛挡住了绝大部分即使对 3D 打印有兴趣的人。

3. 打印材料有限

对于 3D 打印行业来说，设备、软件以及材料是极其重要的三个方面。而市面上人们对设备和软件的重视程度都远远大于对材料的重视程度。

现在的工业级打印机虽然可以打印多种材料，但还是以石膏、光敏树脂、塑料为主，而其他材料往往面临着以下问题：

(1) 可适用的材料成熟度跟不上 3D 打印市场的发展。

(2) 打印流畅性不足；

(3) 材料强度不够；

(4) 材料对人体的安全性与对环境的友好性相矛盾；

(5) 材料标准化及系列化规范的制定还不完善。

在实际生产过程中，金属工件的需求往往更大，根据不同的用途，金属材料制备的工件要求强度高、耐腐蚀、耐高温、比重小、具有良好的可烧结性等。同时，还要求材料无毒、环保，性能稳定，能够满足打印机持续可靠运行的要求。材料的功能也应该是越来越丰富，例如现在已对部分材料提出了导电、水溶、耐磨等要求，而这就要求在材料方面的进一步发展和创新，这也是导致 3D 打印行业火热但是发展缓慢的缘故。

相信在我们一代代 3D 打印人的不断努力下，3D 打印的发展将更加迅速，不仅在工业上，在民用上也将发挥不可限量的作用。

3D 打印行业的前途仍有许多曲折，镜花水月看似美好，但在诸多层面上仍有其发展的不足之处。前景是光明的，道路确实是曲折的，作为国内最早的一批 3D 打印人，我们任重道远。

第 4 章　3D 打印在我国

4.1　我国制造业的困局

改革开放以来，为解决我国经济社会快速发展的问题，我们以市场换技术的方式大量引进外资和技术，但为此付出的代价是国内市场被跨国公司抢占，出口利润被外商大量盘剥，而想要得到的高新技术特别是核心技术却是寥寥无几。出口竞争力比较强的产品，主要是纺织品、服装、鞋类、玩具以及家电、电器元件、机电产品等，这些产品是低附加值产品，个别高新技术产品也主要是来料加工或来件组装产品。在合资企业中，外商掌控着核心技术和销售渠道，我们一边要付出高昂的专利费，一边用低廉的劳动力制造外国品牌的产品，换来的是微薄的利润。低廉产品、缺乏自主知识产权的产品，是我们在国际市场上的形象。由于自主创新能力不强，事实上我们不是制造强国，而是替人打工意义上的制造大国。

由于我国的法律制度缺乏对知识产权的严格保护，整个国家缺乏科技发明创新的土壤，绝大多数企业不注重科技研发，宁愿花钱买技术，用市场换技术，也不愿投入巨额资金、时间、人力资源持之以恒地进行科技研发，造成大部分企业缺乏核心竞争力，虽号称“制造业大国”，实际上相当于世界的大加工厂。比如东莞工厂制造一个芭比娃娃，出厂价只有 1 美元，生产企业几乎无利可图，而这 1 美元的芭比娃娃卖到美国的售销终端——沃尔玛的零售价是 10 美元。10 美元减掉 1 美元后的 9 美元就是通过整个大物流环节，包括产品设计、原料采购、仓储运输、订单处理、批发经营、终端零售六大物流环节所创造出来的。巨额利润都被具有研发与管理优势的跨国公司赚走了，而中国的企业只有“六加一”的“一”，没有“六”，生产再多也没有意义。

劳动力、土地等成本上涨压力增大。最近十年，制造业平均工资年均上涨 14%，2006 年以后出现加速上涨态势，超过了总体平均工资涨幅。2002—2011 年间，制造业年平均工资由 11001 元上涨到 36665 元，增长了 3.3 倍。各地最低工资水平和农民工收入均有不同程度的上涨，2010 年、2011 年农民工工资涨幅更是高达 19.3%和 21.2%。长期来看，农村剩余劳动力可转移人数、适龄劳动力人口整体呈下降趋势，中国劳动力成本长期呈上升态势。截至 2013 年 5 月末，规模以上工业企业应收账款 8.7 万亿元，比去年同期增长 13.7%，企业应收账款规模持续上升、“三角债”抬头风险加大等问题突出。

因此，中国制造业已经到了非常危险的时刻，必须提高创新能力，提高制造业的产品附加值，发展更集约、更高效、更自动化的先进制造业是大势所趋。3D 打印作为最为前沿的制造技术之一，将拥有巨大的产业化空间。

4.2　我国 3D 打印产业发展分析

我国的3D打印技术起步较晚，比欧美等国落后了大约十年。1999年以前，受研发成本等因素的限制，中国整个 3D 行业还处于萌芽阶段，对于 3D 打印材料的研究自然也涉及较少。

而 2000—2011 年间，中国的 3D 打印开始起步，有部分高校开始进行 3D 打印的研究，关于 3D 打印的专利到 2011 年达到 133 件。而 2011 年后，中国的 3D 打印行业进入了高速发展期。最近 3 年中国 3D 打印规模几乎每年翻番。

现阶段中国的 3D 打印产业和欧美国家相比还有比较大的差距，但是发展潜力巨大。2013 年中国 3D 打印企业的产值大约为 20 亿元人民币，仅占全球 3D 打印市场的 9%。近年来借着全球 3D 打印飞速发展和政府对这个行业的高度重视的东风，我国的 3D 打印行业也走上了发展的快车道。2012—2014 年，中国 3D 打印产值几乎每年都会增加一倍，其增长幅度领先于世界其他国家。

目前来看，囿于国内对 3D 打印的接受度不高、政府和资本市场的支持力度弱以及设备、原材料的缺乏及成本高昂，国内 3D 打印产业发展并不迅速。检视当前国内 3D 打印产业链，大多数厂商集中在中游设备制造领域，在上游原材料和下游终端产品制造方面，国内进行布局的企业明显较少。

中游设备制造方面，国内主力厂商基本已经具备 3D 打印现有的

主流生产工艺的制造能力，但目前居高不下的成本仍是制约其销量增长的最大桎梏，定价多在 10 万美元以上。单就 3D 打印机的销量来看，由于我国政府近年来推动 3D 打印教育的普及，2015 年的国内 3D 打印机销量达到 7 万台左右，约占同期全球 3D 打印机销量的 25%。可以预计未来几年的 3D 打印机销量也将出现近乎成倍的增长。著名机构 IDC 甚至预测，2016 年中国 3D 打印机出货量将超越美国，达到 16 万台。

材料制造方面，比较多的是目前较为成熟的塑料、尼龙等高分子材料，但在金属粉末方面鲜有企业染指，银邦股份是唯一一家制作钛合金粉末的国内企业。下游终端产品或服务领域，主要集中在航空航天领域。

图 4.1 给出了截至 2014 年年底全球工业级 3D 打印市场分布饼图。图 4.2 为 2012—2015 年国内 3D 打印产业规模及全球占比。

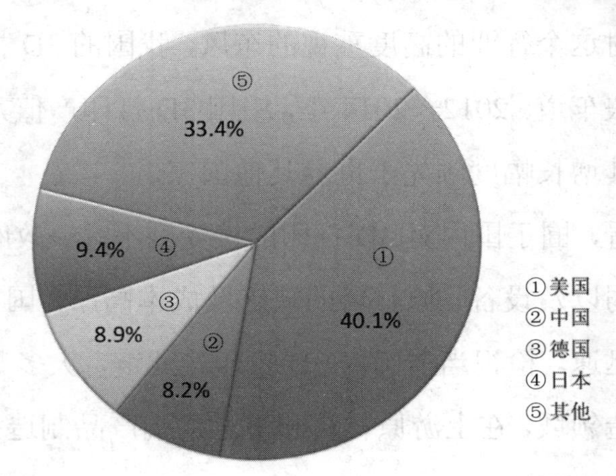

图 4.1　截至 2014 年年底全球工业级 3D 打印市场分布

(数据来源：iiMedia Research)

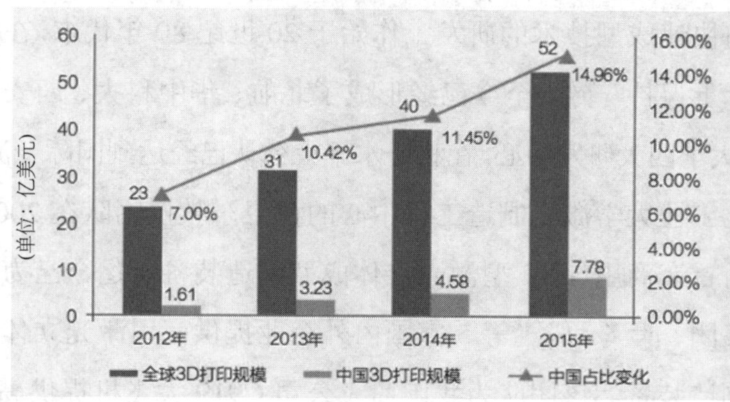

图 4.2　2012—2015 年中国 3D 打印产业规模及全球占比

(数据来源：Gartner 前瞻产业研究院整理)

我国的 3D 打印产业在新的发展阶段，政策上的扶持力度保证了 3D 打印产业迎头赶上欧美发达国家的冲劲，同时国内 3D 打印市场的不断扩大，给我国 3D 打印企业带来了更好的发展机遇与技术积累。

4.2.1　我国 3D 打印市场供应端

国内的 3D 打印技术总体上处于世界前列，尤其是在航空航天领域最为突出。北京航空航天大学材料学院王华明教授的“飞机钛合金大型复杂整体构件激光成型技术”获得国务院颁发的国家技术发明奖一等奖，使得我国具备了使用激光成形超过 12 m^2 的复杂钛合金构件的技术和能力，产品整体性能远超锻件，并投入多个国产航空科研项目的原型和产品制造，成为目前世界上唯一掌握激光成型钛合金大型主承力构件制造并且装机工程应用的国家。其独创的“内应力离散控制法”解决了金属材料在激光成型大温差下开裂的问题。

国内快速成型技术的研发工作始于 20 世纪 80 年代末，在时间点上和国际上保持一致，至今已经形成了北航、华中科大、西安交通大学、清华大学四大研发中心，在科研水平上公认已经达到国际一流水准。

西北工业大学激光制造工程中心的黄卫东教授团队在 2007 年研制出国内首套商用 LSF-型激光立体成型制造装备，迄今已为中国航天科工集团、西飞、成飞等 5 家国内外企业提供商用激光立体成型与修复再制造装备。该团队为我国商飞公司 C919 大飞机提供高达 3 m 的大型钛合金中央翼缘条，标志着我国大型钛合金结构件制造技术已走到世界前列。其独创的“同步送粉激光熔覆”技术大大提高了激光立体成型技术的成型精度和表面光洁度。图 4.3 为黄卫东团队为 C919 大飞机制造的钛合金中央翼缘条。

图 4.3　黄卫东团队为 C919 制造的钛合金中央翼缘条

4.2.2　我国 3D 打印市场需求端

在现阶段，3D 打印在国内最大的三块需求分别来自民用消费、工业设计和航天军工。在民用板块，桌面级 3D 打印机的引进有望撬

动消费需求，打开大众娱乐的大市场；在工业设计板块，对于模具制作的效率和精度的要求不断上升，中小型 3D 打印设备有望成为工业设计人员的“标配”；受益于国产飞机产业腾飞及国家军费投入增加，航天军工领域有望成为大型快速成型设备的最大增长点。另外，核电建设的高峰期即将到来，也将对快速成型产业的壮大提供有利条件。

(1) 3D 打印技术在医疗领域的应用正在迅速发展。

医疗是一个个性化很强的市场，病人之间显著的个体差异性为 3D 打印技术提供了广阔的市场空间。随着桌面级 3D 打印技术的成熟，3D 打印已经在外科手术、口腔科、五官矫正、医学实验等方面得到了应用，成功打入了国内一线城市的医院市场。可以预见，在未来十年我国医疗产业蓬勃发展的进程中，3D 打印机作为一种重要的辅助设备将拥有更广阔的市场空间。

(2) 3D 打印技术在工业设计领域的应用逐渐扩大。

模具设计提升效率如之前分析，3D 打印在小批量物件制造方面具有无可比拟的效率，尤其适合制作模具。以制作一件 $28\times15\times7\ cm^3$ 的复杂零件为例，传统制模需要花费 30 天、1 万元成本，使用 FDM 快速成型技术仅需要 40 小时、3000 元，并且，3D 打印允许更多试错的过程，是工业设计师的理想辅助设备。

华中科大的研究团队已经在模具开发方面完成了数个里程碑式的项目，如为东风汽车成型发动机缸盖上水套的砂芯、为玉柴机器成型六缸发动机缸盖的砂芯、为北京卫星制造厂提供模型成型等。国内泵业龙头上海凯泉公司通过滨湖机电的 SLS 设备制模，成功进入核电站泵领域。据此判断，3D 打印技术未来几年将对传统模具制造业产生大规模的替代，国内中小型 3D 打印设备将迎来采购高峰期。

(3) 3D 打印在航天军工领域是最大的潜在市场。

现代飞机的设计越来越显现出轻量化、复杂化的趋势，这就对机身结构件提出了两个在传统焊接工艺条件下看似矛盾的要求：一是钛合金的含量上升，在一些新型飞机里的比例达到了 30%以上(F-22 高达 41%)；二是耐疲劳度高，承载能力好。然而如果使用激光快速成型技术，就可以完美实现这两个目标。北航王华明教授团队用这种工艺一次成型的钛合金承力结构件被证明比分段锻造、焊接在强度上提升了 20%～30%，并且可以轻松实现各种复杂造型。这一关键技术的突破不仅使得中国在飞机结构件制造领域领先世界(美国至今仍使用分段铸造)，更重要的是加快了新一代战斗机和国产大飞机的产业化进程。对于大飞机和某些特定型号新型战斗机来说，3D 打印技术是不可缺少的“必需品”，这就为未来在航天军工领域的产业化锁定了需求空间。

(4) 我国 3D 打印产业化一触即发。

综合来看，3D 打印产业化的条件已经成熟，未来 3 年将是市场急剧膨胀的“成长期”。

从供给端看，国内北航、华中科大、西安交大、清华大学四大研发中心在 3D 打印方面积累了国际一流的技术储备，在航空结构件锻造等领域甚至实现了世界首次突破。

从需求端看，未来几年内航天军工、民用消费、模具设计三驾马

车将驱动 3D 打印需求超越式增长。其中，国产四代战斗机的批量生产、国产大飞机项目的实现有望为 3D 打印创造出一个 20 亿元以上的“大市场”。

4.3　3D 打印产业化发展前景

国内 3D 打印产业化发展未来前景广阔，主要基于以下四点理由：

一是国内的 3D 打印技术基础不差，随着关键技术瓶颈和成本高昂的难题逐渐解决，下游应用的性价比将逐渐改善，如果相应的政策和机制到位，完全有可能走上发展的快车道。

二是政府的大力支持。随着 2012 年奥巴马宣布 3D 打印成为美国制造业复兴的“制造创新国家网络计划”首选研究方向，以及 2012 年国家技术发明奖最高奖授予 3D 打印技术领域，国内对 3D 打印的热情被瞬间引爆。

- 在中央政府层面，3D 打印技术符合国家从“制造大国”向“制造强国”转变的国家战略，受到了高度的重视。3D 打印在 2013 年就被列入国家 863 计划，获得了国家 4000 万元研究基金的支持。更为重要的是，在 2015 年 2 月，由工信部、发改委和财政部联合发布了《国家增材制造产业发展推进计划(2015—2016 年)》，将 3D 打印提升到国家战略层面，为产业的发展做出了整体规划。

表 4.1 给出了 2013 年以来国内出台的 3D 打印重要政策概览。

表 4.1　2013 年以来国内出台 3D 打印重要政策概览

出台时间	发布部门	政策名称	政 策 要 点
2013.4	科技部	国家高科技研究发展计划(863 计划)、国际技术支撑计划制造领域 2014 年度备选项目征集指南	将增材制造首次列入国家重点扶持领域，加快 3D 打印软件平台的研发工作
2015.1	北京市科学技术委员会、北京市发改委、北京市经济和信息化委员会	促进北京市增材制造(3D 打印)科技创新与产业培育的工作意见	利用增材制造推进北京高端制造业的科技水平，使增材制造成为新的经济增长点
2015.3	工信部、国家发改委和财政部	国家增材制造产业发展推进计划(2015—2016 年)	将增材制造提升到国家战略层面，计划从 2016 年初步建立增材制造产业体系，在部分领域如航空航天方面达到国际先进水平
2015.3	国务院	中国制造 2025	将增材制造列为制造业创新中心，加快增材制造技术和设备的研发

• 在地方政府层面，各地政府将 3D 打印产业作为扶持的重点，在资金、土地和政策方面都给予了积极的支持。比如北京市投入 15 亿元来支持 3D 打印技术的发展。南京、武汉、珠海、成都、长沙等地都在筹建 3D 打印的产业园。湖北、四川、江苏、湖南、山西、北京等地方政府也纷纷出台政策，大力扶持 3D 打印产业园区建设。表 4.2 给出了地方政府大力扶持 3D 打印产业的政策动向。

表 4.2　地方政府大力扶持 3D 打印产业的政策动向

地区	政 策 动 向
湖北	我国首个 3D 打印工业园将落户武汉东湖高新区，目前，武汉市发改委等部门针对 3D 打印产业正在摸底调查，拟着手编制规划并予以扶持培育
四川	2013 年 1 月底，中国 3D 打印技术产业联盟已与成都双流县达成意向，拟共同出资 5 亿元在双流建设 3D 打印技术产业创新中心，向成都及周边地区的电子、汽车机械设备等企业推广 3D 打印技术
	四川大学也正积极与一家本土企业合作，准备利用 3D 技术研发打印水陆两用汽车
湖南	湖南省将依托湖南省激光增材制造工程技术研究中心和中科院湖南技术转移中心 3D 打印研发中心这两个创新平台，引进、建设并培育一批创新团队、人才和相关企业，打造 3D 打印新的增长极
陕西	成立了三维打印产业联盟，其发展重点为低价位 3D 打印机及医疗 3D 技术，并面向航天、超高飞行器方面进行陶瓷材料的超前研发
江苏	正在规划以企业为基础平台，聚集江苏省内的高校资源，筹建省级“3D 打印协同创新中心”、“3D 打印技术研究院”、“3D 打印服务体验中心”等
北京	北京已建立“中国工业设计技术服务联盟”，整合了国内外 39 家从事打印技术的机构，培育设备供应企业

三是产学研之间的合作逐渐加深，国内 3D 打印行业有望集群成长。科研机构和企业也对 3D 打印技术的发展表现出了极大的热情。比如清华大学、北京航空航天大学、西安交通大学等高校与企业进行合作已经取得了一些研究成果，有些成果已经成功地实现了产业化。2012 年 10 月 15 日，中国 3D 打印技术联盟在北京成立，这标志着我国从事 3D 打印技术的科研机构和企业从此改变单打独斗的不利局面，

有利于尽快建立行业标准，便于加强与政府间或国际间的广泛交流。事实上，国内3D打印企业已在3D打印领域有了较大发展，江苏威宝仕的WEEDO桌面级3D打印机已经在国内占据很高的市场份额。

四是自2015年下半年以来，3D打印概念开始被媒体和资本市场热炒，虽有跟风炒作之嫌，但客观上对其市场认知度的拓展大有裨益，为3D打印技术在下游行业的应用、相关企业商业机会的获取，以及在资本市场上的融资都创造了良好的条件。

4.4　3D打印业的阿喀琉斯之踵——知识产权

3D打印技术已经成为全球最受关注的新兴技术之一，在我国的研发几乎与欧美同时起步于20世纪80年代，但近两年才开始关注3D打印的知识产权问题。在过去的三十多年中，3D打印经历了一个由简单到复杂的发展过程，常在模具制造、工业设计等领域被用于制造模型，后逐渐用于一些产品的直接制造。2010年以来已经被广泛运用于多个领域，如在珠宝奢侈品、鞋类、玩具、工艺品等日常轻工、家用产品领域和工业设计、建筑、土木工程、工程施工、汽车、航空航天(零部件)领域以及牙科、人体器官等医疗领域和教育用品等其他领域该技术都有所应用。其中，多个行业已露出3D打印技术绕过知识产权保护所构成的威胁。也许说3D打印技术给知识产权制度带来颠覆性挑战会有夸大之嫌，但就目前而言，说3D打印技术给知识产权带来挑战是个伪命题可能过于轻率，这显然是没有看到这种新技术

可能带来的变化。若知识产权保护问题悬而不决，就如同隐藏在行业深处的致命要害——“阿喀琉斯之踵”。用于 3D 打印的卡车建模设计效果如图 4.4 所示。

图 4.4　用于 3D 打印的卡车建模设计效果

知识产权是个大的法律概念，它主要包括著作权、商标权、专利权等内容，其中 3D 打印与著作权关系最为密切。从某种程度来说，3D 打印其实是一种复制，而著作权所禁止的就是非法复制。3D 打印的模型、程序设计创意等可能还与专利权相关，未经商标权人同意而打印附有权利人知名商标的物品也与商标权有关，另外，打印技术、材料等所涉及的技术方案等也会和专利权有关。

图 4.5 为橡皮泥团队设计的人物经卷的 3D 打印数字模型。

图 4.5　橡皮泥团队设计的人物经卷的 3D 打印数字模型

4.4.1 3D 打印创新型企业深受侵权之伤

世界知识产权组织在最新发布的报告中表示，中国在 3D 打印方面专利申请表现抢眼。据悉，自 2005 年以来，全球 3D 打印领域专利申请中，中国占据的比例超过四分之一。截至 2013 年 4 月 2 日，中国在 3D 打印技术方面共有 1617 件公开专利申请，其中发明专利 1393 件，实用新型专利 220 件，由此可见，3D 打印技术含量较高，目前处于产业发展阶段，产业化程度不高。目前，3D 打印技术正进入成熟期，产业进入壁垒提高，企业成为创新主体。就全球来看，3D 打印方面的专利申请主要集中于美、日、德、中、韩五个国家，其中美国以近半份额在该技术专利领域具有绝对优势。

从专利申请所占的份额来看，中国 3D 打印似乎并不算太差。但如何能在数量的表面光鲜背后，进一步提高专利的质量，有效实现知识产权保护，营造鼓励自主创新的氛围，值得探讨。

在国外，1986 年已经开始出现了商用的 3D 打印机，但是在我国直到 2004 年才开始出现相关专利的申请，而且相关的专利全部都是由国外的公司申请。2008 年开始，国内的高校和企业以及个人才开始在该领域进行相关专利的申请和布局。表 4.3 为 2013 年我国 3D 打印设备相关的专利申请数。

由表 4.3 可以看出，涉及 3D 打印或者三维成型的设备或者方法的专利共有 393 件，其中发明专利 279 件，即发明专利所占比例较高。该领域属于技术含量比较高的领域。从专利的有效性来看，有效专利

一共有 42 件，所占比例为 15.1%，失效专利共有 33 件，所占比例为 11.8%。通过此数据可以看出，国内 3D 打印设备创新性有待提高。而通过分析国内 3D 打印设备的基本情况可以发现，国内桌面级 3D 打印机大部分基于开源设计，一些申请下来的专利，不过是在开源技术基础上进行了细微改动，其实还是缺少独特核心专利技术。未来随着应用市场的发展，会遭遇更多专利上的问题。

表 4.3　3D 打印设备相关的专利申请数和法律状态构成

专利状态	发明专利	实用新型	外观设计	总计
有效专利	42	78	26	136
失效专利	33	10	0	43
实质审查	159	0	0	159
公开发明	45	0	0	45
总计	279	88	26	393

对于一些初创期的公司，如果其创新成果得不到保障，其生存会直接受到威胁。曾有早期公司通过网络销售新款 3D 桌面机，其销量情况良好。但是，不久网上便出现多个商家销售外观和指标性能高度相似的机型，甚至某些商家连产品介绍和联系方式的宣传图片都直接“借用”。这些初创公司缺乏足够的资金和专业的法务团队，根本无法进行维权，这就直接导致了这些公司发展受限。

也许将来某一天，3D 打印技术无所不能且大多数人都可熟练掌握，知识产权制度必定会产生颠覆性的变化。如果 3D 打印缺乏专利等知识产权保护，就会成为阻碍 3D 打印产业良性发展的“阿喀琉斯之踵”。

图 4.6 为 3D 打印的镂空球摆，其知识产权应该受到保护。

图 4.6　3D 打印的镂空球摆(图片来源：Simpneed.com)

4.4.2　设计师权益保护

由于国内知识产权法体系还未随 3D 打印产业同步更新，从而导致出现相关权益无法得到保护，以新兴 3D 打印设计师为代表的群体普遍遭遇知识产权保护的难题。

图 4.7 为 3D 打印的椅子创意模型，这是设计师的知识产权。

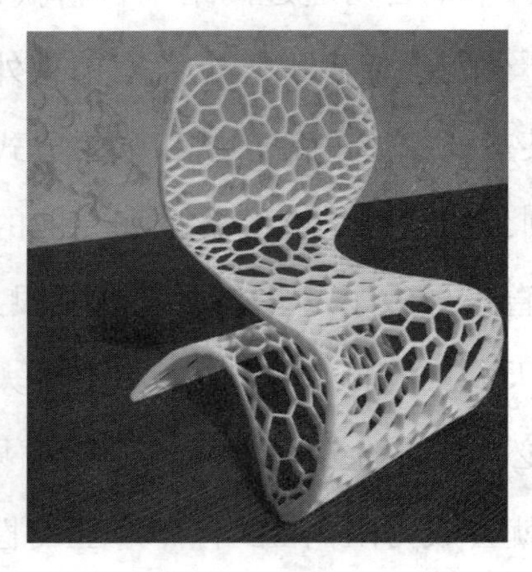

图 4.7　3D 打印的椅子创意模型(图片来源：Simpneed.com)

目前国内还没有保护“数据创作者版权与权益”的意识，设计师的 3D 打印数据发到国内 3D 打印服务商之后，由于缺乏法律有效制约，即便事先签订保密协议，也无法对多次打印进行监管，这与国外知识产权保护有极大的差距。

现有的知识产权法律制度确实缺乏专门针对3D产业特殊知识产权问题进行系统规范的法律条文。从我国目前的立法情况与司法水平来看，对 3D 产业领域中的知识产权问题，需要在《专利法》的下一次修改中针对 3D 产业领域里的特殊问题给予特别关注，在专利司法程序中针对 3D 产业领域中出现的特殊争议增加相应司法解释。

像图 4.8 这种作品也一样蕴含作者的知识产权。

图 4.8　用透明树脂材料打印的眼镜

4.4.3　3D 打印中的商标问题

我们比较容易理解的是，如果出于商业目的而没有经权利人同意在 3D 打印物品上使用了别人的商标，这样的行为必然是商标侵权。这里需要考虑的一种情况是：3D 打印出于个人使用之目的而在自己使用的物品上使用他人商标，这可能更多地与设计打印模型的人有关。放在更长的时间维度，如果 3D 打印技术得以普及，一般个人均掌握设计技术，则有可能根据自己的需要“打印”出自己喜欢的物品，并随意打上某知名商标。这种情况是否侵权？比如，小王十分喜欢“CK”品牌的眼镜，但去商场购买价格过于昂贵。于是自己在家用 CAD 或 3D 扫描等计算机辅助设计并打印出印有“CK”商标(未经该公司同意)的眼镜，而且不只一副，自己戴。他的这种行为是否侵犯了 CK 的商标权？我国《商标法》规定的与商标侵权行为最密切相关的条款是：“未经商标注册人的许可，在同一种商品上使用与其注册商标相同的商标的行为”。然而问题就来了，在家自己进行打印、自己用而未到市场上买卖的眼镜能算商品吗？如果不算，显然不属于侵权。然而，尽管打印的人没有用此眼镜去从事商业行为，但确实损害了“CK”公司的利益，因为它毕竟在某种程度上，使 CK 公司失去一次卖眼镜的机会；如果任由这样的打印行为发展下去，那么商家的损失无疑是巨大的。同时反过来，我们假设这种打印行为属于侵权行为，其法律依据又是什么呢？

图 4.9 为用户通过橡皮泥 3D 云平台订制的企业图腾，已成功申请外观专利保护。在此设计案例中，对于企业的商标使用获得了商标持有企业的许可，可以说是 3D 打印设计保护商标权的一个经典案例。

图 4.9　用户通过橡皮泥 3D 云平台订制的企业图腾

如果 3D 打印机发展到像今天的普通打印机的普及程度，个人使用者可以自行打印商标的话，采用获得“许可”的方式又是不太现实的了。因为它不可能像 3D 打印模型那样可以采取技术措施进行保护，打印模型设计人可以随意将商标加上；如果要求耐克公司对每个使用“耐克”商标而未经其同意的个人行为者追究责任，也不太可能，因为追究打印者法律责任的时间、资金成本等都很高。而且，即使可以采取许可方式允许打印人使用特定商标，它面对的一个问题是：由于涉及到打印材料的不同，如果打印的鞋质量不好，或形状有变，每个打印者打印出来的鞋质量上因种种原因(如所用材料、设计技术、打印机本身质量等)而有差异，这是否会贬损该商标的良好声誉？这些问题在 3D 打印普及的情况下，的确是需要研究的。

4.4.4　求索——保护 3D 打印知识产权之路

在 3D 打印技术被各国充分重视的国际大背景下，3D 打印行业面临着巨大的机遇和挑战。专利和知识产权信息是技术发展和市场保护的重要反映，透过各国以及业界知名企业的专利信息能了解行业技术状况并分析未来的发展趋势，以此来提高我国的 3D 打印技术的创新水平。

就 3D 打印中的知识产权问题而言，3D 打印技术虽然暂时不能为现存知识产权制度带来颠覆性的挑战，但随着其不断地发展，对人类生活的影响力会越来越大，当它真正成为人类社会中最有效的一种工具且人人触手可得时，则可能会给知识产权制度带来颠覆性的变化。因此，不管是现在还是将来，3D 打印在知识产权上的纠纷都应该引起人们的重视。

在保护 3D 打印知识产权的漫漫长路上，各国政府和企业组织都曾积极地探索解决之道。比如，为了防止每个人都在家中开办耐克工厂，美国专利与商标局(U.S. Patent & Trademark Office)就曾推出一个针对 3D 打印版权保护的“生产控制系统”。在该系统的管理下，任何与 3D 打印有关的设备在执行打印任务之前，都要将待打印的 CAD 模型与系统数据库中的数据进行比对。如果出现大比例的匹配和吻合，对应的 3D 打印任务就不能够进行。由于 3D 打印机在工作时不需要联网，所以该系统最大的杀伤力应该是将网络上存在的 CAD 模型与数据库中的数据进行比对，用类似于清除盗版音像文件的方法将其清除。同时，该系统还适用于在文件的上传阶段——任何与数据库数据高度匹配的 CAD 模型将被禁止上传。

在技术上，美国专利与商标局的努力的确是个很好的思路，乍一

看无懈可击，但实施有效性不得不令人怀疑，因为保护3D打印知识产权的难度要大大超乎任何传统产业。事实上，3D探测软件能够帮助用户将实物数据化，软件甚至可以在手机上运行。从这个角度看，控制CAD模型的来源基本等于空谈。如果不能监管CAD模型的来源，保护版权就必须要求所有的3D打印机在工作时都保持联网，这种方法又可能涉及到更多技术和社会领域的问题。

尽管现阶段3D打印很难实现理想中的知识产权保护，但从行动中加强保护却越来越形成共识。如果没有自己创新的技术，总是跟随和仿制，3D打印技术很难产生创新性的成果，其推广的速度也必然很慢，这直接导致了企业发展速度和规模受限；如果企业投入大量的资本进行技术研发，但创新性的成果却不能得到应有的保护，也不利于产业长远发展。

因此，增强全民的知识产权保护意识确实很重要，培育人民自觉尊重别人的成果，也能有意识地保护自己的成果，能营造一种自主创新的氛围，使知识产权保护真正得到落实。而相反，如果侵权情况频繁发生，那么会有越来越多的人不愿意进行原创设计，中国就没有真正的3D打印的设计品牌，违背了落地3D打印技术市场化的发展趋势，也不利于中国开拓3D打印应用市场。

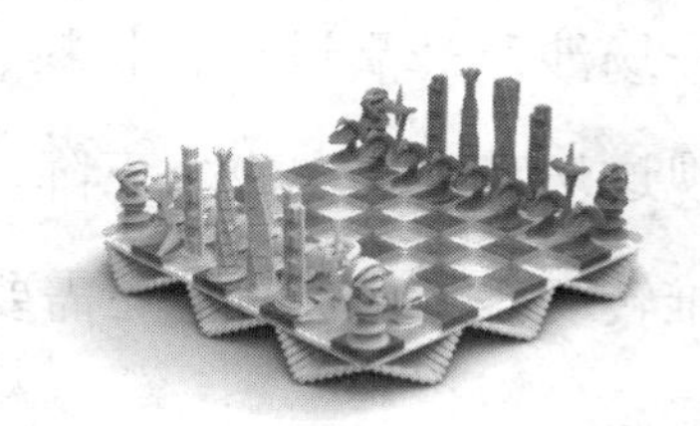

第 5 章　3D 打印的未来

关于 3D 打印技术的未来发展，社会上产生了两种分歧的观点：一派是热捧，另一派则认为它根本不重要。

对于所有相信眼见为实的人来说，3D 打印技术都有点未来主义的味道。然而，科技就是这样美妙：无论你脑海中构想出多么不可思议的物品，你都可以把它制作出来！唯一阻碍我们创作的只是我们的想象力了。

美国《连线》杂志前主编克里斯·安德森(Chris Anderson)在他的《创客——新工业革命》(Makers: The New Industrial Revolution)一书中，预言 3D 打印技术将带来第三次工业革命的爆发，即"创客运动"的工业化——数字化制造和个性化定制的合体。他认为，通过 3D 打印实现网民与现实世界的交集，只需轻轻点击，将电脑中生成的创意上传至云端并投入任何规模的生产。

3D 打印技术引发的工业革命，将不仅仅是面向制造业的工业革命，而是一场涉及产品设计、材料、制造、流通和消费习惯的革命。

要实现这场革命，在成本下降、效率提高、材料革新、设计师和企业家思维转变等许多方面，还需要更大的发展和改进，还有漫长的路要走。

3D 打印既不是泡沫，也不是神器，3D 打印是一种颠覆性技术，长期来看，3D 打印最终会给传统工业制造模式和经济组织模式带来颠覆式的改变甚至破坏。

5.1　复制一个博物馆

用 3D 打印技术来修复文物，不会对原物件造成任何损坏，能有效规避模制方法中存在的风险，所以近几年很多博物馆开始尝试用 3D 扫描技术和 3D 打印技术。3D 打印技术让文物“活”了起来，让博物馆里的文物实现数字化。3D 扫描和 3D 打印技术的优势体现在文物保护、文物修复、文物展示等多个应用方面。

首先，3D 打印技术已经被应用到国内外一些博物馆的文物保护工作中。由于年代久远，很多文物风化严重，如果不对其进行及时保护，或者获取其原始数据，这些文物终会失去风采。采用高精度的 3D 扫描仪获取文物的三维数据，按照数据对文物进行建模并打印，就能让文物“永久”存在。用 3D 打印技术复制的文物，其误差不会超过 20 微米，即便是专家，如果不通过特殊的仪器，也看不出差别，而从扫描到打印，花费的时间仅有几天。对于那些喜欢文物却没有时间去博物馆的朋友，网上博物馆的开设为其带来了福音。由已获取的文物的三维数据经处理后在网上做三维展示，使人们能近距离地观察文物，增加观众的互动体验。博物馆里通常展示的是替代品，以此，在保护原始作品不受环境或意外事件伤害的同时也能传播艺术和文物的影响力。在获取原始文物的三维数据后，用高精度的 3D 打印机打印出文物的替代品将成为博物馆的首选。图 5.1 即为高精度的文物 3D 扫描图。

图 5.1 高精度文物 3D 扫描

其次，3D 打印技术在文物修复方面也有重大的意义。3D 可以用于对无法翻模或不适于翻模的文物进行复制，也可以对局部残缺文物进行修复。由于用传统的文物复制是直接在文物表面进行翻模，而翻模材料会对文物原件造成污染，且复制的效果不佳。利用 3D 扫描仪可以直接对文物进行扫描，得到其三维数据，并进行 3D 建模和打印。由此可见，采用三维扫描和打印技术后，能有效降低传统修复方式对文物的损伤，且简化了修复步骤，降低了修复难度。

图 5.2 即为用数字化技术恢复的恐龙头骨。

图 5.2 采用高分辨率 X 射线成功地数字化恢复了难得的恐龙——死神龙的头骨

此外，博物馆可以借助 3D 技术来解决它们所面临的众多策展、礼品开发等需求，以及博物馆旅游礼品匮乏的现实问题。博物馆可以根据需求，大量开发馆藏品的不同比例复制的工艺品及衍生品，让观众可以把“文物精品”带回家，“文物”不再是睡在玻璃罩内的冰冷器物，而是随时可以把玩、可以“任性”带回家的心爱宝贝，文物飞进寻常百姓家，文化传承如影随形，生活将更加美好。图 5.3 为用 3D 打印机打印的“文物精品”。

图 5.3　3D 打印“文物精品”

5.2　未来医疗——个性化定制的蓝海

1. 3D 打印在医学领域的应用

对于 3D 打印在医学领域的应用，曾有人提出“3D 打印生命阶

梯”的大胆设想：无生命的假肢等位于阶梯底层；中间是简单的活性组织，如骨与软骨；简单组织之上将是静脉和皮肤；最靠近阶梯顶层的将是复杂且关键的器官，如心脏、肝脏和大脑；而生命阶梯的顶层将是完整的生命单位。

面对现实，当下3D打印的医学临床应用不过“小荷才露尖尖角”，而 3D 生物打印器官的难度更不亚于“人类的另一个登月项目”，但这并不妨碍人们对开拓这个领域倾注更多热情。顺应国内鼓励科技创新的时代潮流，中国或将掀起一轮 3D 生物医疗加快普及发展的产业风暴。

全球 3D 打印市场规模正逐年攀升，医疗的个性化需求和高附加值特征，使得该领域成为最适合使用 3D 打印技术的领域，近年来应用专利的数量远超其他行业。与此同时，在精准医疗、中国制造 2025 规划等大背景下，医疗 3D 打印将备受关注和重视。图 5.4 分析了医疗 3D 打印产业链结构。

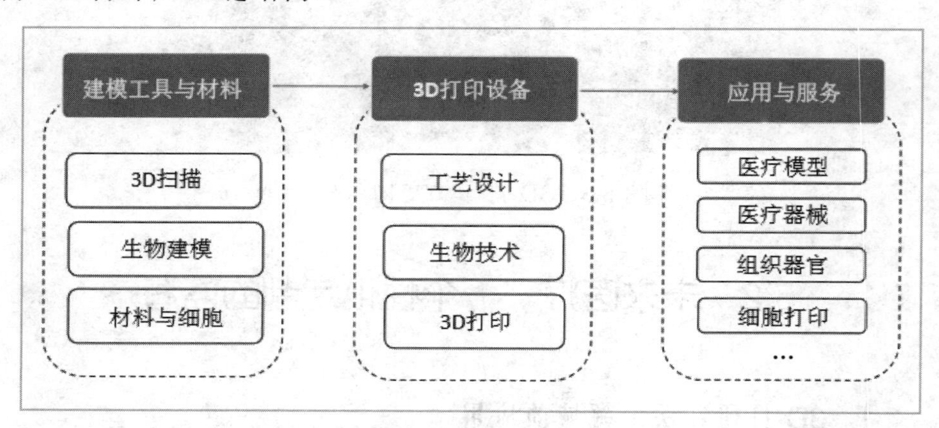

图 5.4　医疗 3D 打印产业链示意图

3D 打印在医疗领域中的应用主要包括：医疗教学、手术模拟、患者沟通、牙科及骨科、医药科研、药物筛选、药物剂型设计等。按目前商业化程度，3D 打印在医疗领域的应用主要分为如下 4 个层次：

(1) 已经商业化且发展较为成熟的：监管问题较小，包括医疗器械(一、二类如矫形器、助听器等)、医疗模型、手术导板、牙科应用(二类)；

(2) 处于临床研究数据积累阶段的：按三类医疗器械监管，目前尚未批准注册证，主要为植入体，包括骨骼、关节、心脏支架等；

(3) 处于实验室研究阶段的：存在一定伦理问题，也是未来医疗打印的目标，即有功能的组织器官，目前只能制造仿真组织和器官(脂肪、皮肤、肝脏、心脏等)，以及病理组织(肿瘤细胞等)用于新药筛选；

(4) 其他衍生应用：个体化用药药物剂型等。

其中，细胞打印最具想象空间，将成为“生物制造”的技术基石。细胞 3D 打印就是在组织器官三维模型指导下，由 3D 打印机接受控制指令、定位装配、由细胞材料或其他一些东西制造组织器官的新技术。其中第一个技术就是 Cell Printing，即细胞打印，它的技术原理就是将细胞一层一层打印在特殊的热敏材料上，打完之后将材料叠加就能得到需要的结构。

图 5.5 为 Organovo 公司生物 3D 打印机。

图 5.5　Organovo 公司生物 3D 打印机

下面介绍细胞 3D 打印的几个应用领域。

第一个应用领域是实验室领域。它可以为再生医学、组织工程、干细胞、癌症等等你所能想到的所有跟生命科学相关的，以及跟生物材料相关的研究领域提供一个非常好的研究工具。图 5.6 为西安培华学院 3D 打印中心用软性材料打印的心脏和血管模型。

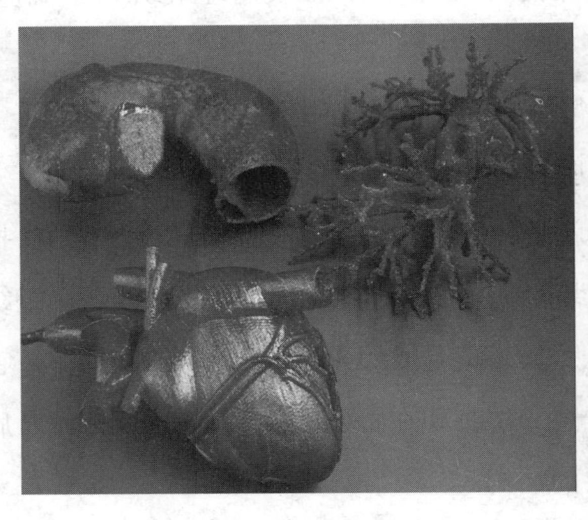

图 5.6　西安培华学院 3D 打印中心用软性材料打印的心脏和血管模型

第二个可以做的就是构建和修复组织器官，提供新的临床医学技术。这是一个非常巨大的市场。我们都知道，随着人逐渐的衰老，我们的肝脏、肾脏、心脏、肺都会发生老化，这就像一辆汽车一样，当汽车的发动机坏掉了，轮胎坏掉了，我们有配件可以买，或者说可以从其他车上拆一个配件下来换上去。那么人体组织如果坏掉了怎么办？当然我们可以进行肾脏移植，但是移植过程中会发生排斥反应，更关键的是没有那么多移植的供体。我们用细胞 3D 打印技术，打印出了人工的肝脏单元。我们打印好这个结构后，还建立了全新的 3D 成像系统，开发了专门的体外肝脏单元培养设备，我们可以看这个结构内部长成什么样。在我们培养这个肝脏一周、两周、一个月后我们可以看到，这个肝脏形成了和我们人体肝脏一模一样的功能，而且功能可以长时间的维持。除了肝脏以外我们还可以用 3D 打印技术制造人工脂肪组织，用于隆胸等。此外，3D 打印技术还可以制造人体的软骨组织，制造人工皮肤组织。图 5.7 为 3D 打印的人耳器官。

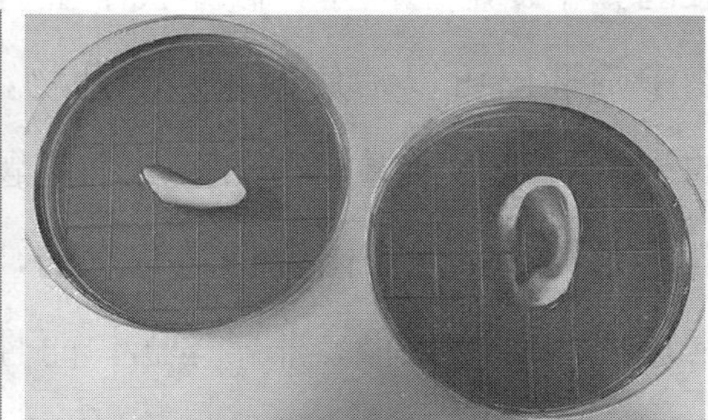

图 5.7　3D 打印的人耳器官

(图片由美国维克森林大学再生医学研究所提供)

不过，要让生物器官 3D 打印技术真正商业化，成功进入临床应用，微通道离真正意义上的血管还有很大距离。之前研究 3D 打印器官的公司也不少，但打印出的组织都不够稳定，太简单或者太小，移植前细胞容易死亡。技术的进步总是让人们充满期待而又怀有淡淡的不满足。虽然科学家在试验中使用人类细胞及兔子、老鼠等动物的细胞进行人造器官组织打印，都取得了不错的效果，但正如美国维克森林大学再生医学研究所的研究人员所说的："目前，这项技术还处于早期试验阶段，须进一步改善。"

第三个领域是打印药物研发领域中药物筛选的模型。在 2011 年，美国制药工业协会新药研发投入是 674 亿美元，其中仅辉瑞一家就投资了 94 亿美元。虽然有这么巨大的投资，但目前全球每年大概只会产生 2～3 个真正原创性的新药。这个可能是目前研发投资最大，产出最低的领域。当然，投入这么多钱，一个药一旦成功，一年就可能为这个公司带来超过 10 亿美元的利润。那成功率为什么这么低呢？原因如下。举个例子，假如我手里有一万个化合物，要从一万个化合物中筛选出可以治疗糖尿病的药物，最简单的方式是找一万个糖尿病的患者过来做实验。当然第一个问题在于，你找得到一万个糖尿病患者么？第二，有些化合物是有毒的，吃下去中毒了怎么办？科学家通常选择用动物来做，非常辛苦，而且老鼠的基因和人不一样，对老鼠有用的药物对人可能完全没有效果。在 20 世纪 80 年代，科学家提出了高通量筛选的方法，用细胞或者单个的蛋白质来做模型。然而三十多年过去了，药物开发速度并没有加快。因为人体是一个复杂的调控

网络，单个因子的升高或者降低，在人体整体环境中，发生的变化有可能是截然相反的。因此，如果可以用 3D 打印做出人工组织器官，可以用这些器官进行筛选，能大大提升药物筛选的进程。

另外 3D 打印在医疗上目前应用比较广泛的一个领域是个性化的制造。每个人身体都各自存在一些细微的差异，因而传统医疗手段很难针对每一位患者进行量身定制的治疗。3D 打印技术天然的个性化、小批量和高精度制造等优势则恰好解决了这一问题，并且为患者带来了远超传统的治疗效果和体验。在国内，上海享客科技有限公司利用患者身体的 CT 数据进行数字化三维建模，用增强增韧树脂材料 3D 打印出精准的患者盆骨器官模型，作为医生进行手术模拟的参考，如图 5.8 所示。

图 5.8　上海享客科技公司打印的患者盆骨模型

比如说残疾人的假肢，在我国肢体残疾的人有 800 多万，其中 70 多万需要安装假肢。假肢的结构和外形设计、制造都会直接影响患者使用假体的舒适度和功能。目前在美国已经有公司开始提供 3D 打印的假肢，大概 5000 美元一个。

相比传统的假肢生产技术，3D 打印有很多优势。就拿受体腔(假肢和残肢结合的部位)来说，传统的假肢就是非个性化的、流水线上的产品，所有人都用统一标准的假肢，这就直接导致了有些假肢和患者的身体不匹配，出现假肢比其自身的肢体长、需要再一次截肢而导致二次伤害的情况。如果使用 3D 打印技术，可以用一个三维的扫描摄像机把人的整个腿的三维图形扫下来，其假肢接受腔可以很快地用 3D 打印技术加工完成。任何一个残疾人，不管你残肢的位置是怎样的，都能够做出一个完全适合你的受体腔。

再比如传统的牙齿矫正行业，接受治疗的患者不得不带着钢丝牙套，看起来非常奇怪。同时，人们带上钢丝牙套后，难看、限制饮食、难以清理、容易磨破口腔等问题是极其令人烦恼的，这种钢丝牙套带来的体验更像是一种折磨。而更大的问题在于，传统正畸过程过于依赖医生的个人发挥，医生在为矫正者粘托槽、弯钢丝的时候，粗细、力度、弯度全靠医生凭经验用手把控。为此，国内外一些医疗科研团队基于 3D 打印技术研制出了几种全新的隐形矫正牙套，希望解决传统正畸所存在的问题。研究人员通过 3D 扫描仪进行扫描生成牙齿的 3D 数据；正畸医生将根据每个人的实际牙况，通过计算机设计定制化的矫正轨迹和方案，并以每 2 周为一个阶段，用 3D 打印机打印出

不同阶段的牙齿模型；最后再用真空成型机生产出具有矫正功效的隐形牙套；用户只需佩戴不同阶段的牙套，即可将牙齿逐步矫正到理想位置。如图 5.9 所示，这种高度贴合、透明隐形、可摘戴的隐形牙套，在使用过程中可以让佩戴者保持良好的仪容仪表，即使与人近距离交流也不易察觉，从而不会影响日常生活和工作社交。

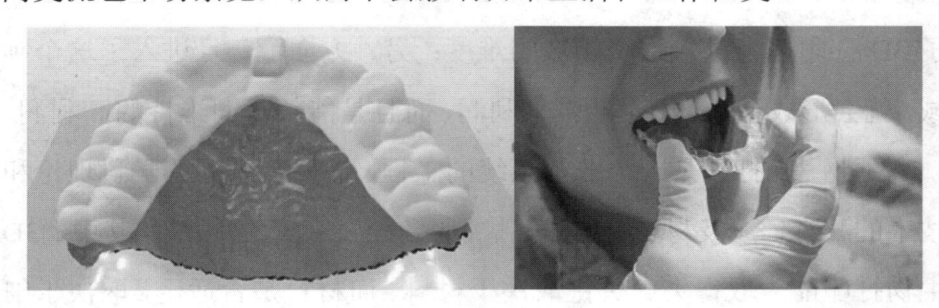

图 5.9　3D 打印牙齿模型

2. 未来之路

生物 3D 打印技术发展展望：高技术壁垒与高市场利润并存，需要多学科交叉共同发展。

首先，生物 3D 打印已经具有明确的盈利模式。目前其他领域的 3D 打印与传统的加工技术相比，虽然技术上提高了，但在成本上还是有所欠缺。但是生物 3D 打印有明确的盈利模式，目前在药物筛选、手术导板、假肢假体等领域其盈利模式已经形成。虽然科学家在试验中使用人类细胞及兔子、老鼠等动物的细胞进行人造器官组织打印，都取得了不错的效果，但是目前这项技术还处于早期试验阶段，还需进一步改善。

目前，3D 生物打印主要应用于打印心脏、肝、肾等手术对照模型，但在大多数专家看来，面向植入生物体的生物兼容性材料，或者以细胞和生物组织为材料，并能够成功应用于临床，才算得上真正意义上的 3D 生物打印。同时，生物 3D 打印在医学中的应用还需要美国 FDA、中国 FDA 等药品食品监管组织的认证，因为与人相关的技术、物品，其监管会非常严格。此认证是一把双刃剑：一方面，增加了 3D 打印技术进入这个领域的难度；另一方面，一旦进入了这个领域，就会形成壁垒，给企业带来利润，而且是能长时间维持的高利润。

生物 3D 打印是一个非常系统的工程，需要一系列的学科理论和技术的配合，涉及材料、仪器、控制、生物、医学等领域。其中，3D 生物打印能否取得突破关键取决于材料。而材料是否适用，取决于细胞在 3D 打印的基体材料里能存活多久，是否有生物相容性，以及材料在人体植入后是否有残留。

在未来，基于人体数据的高度个性化，3D 生物打印在临床修复的应用无疑是其大方向之一。同时，利用 3D 打印在体外做出个体病人病变组织模型，针对个性化的病例，来进行癌症等病变机制研究、药物尝试筛选等，实现针对不同个体的精准医疗，也将是主要研究方向。

5.3 未来建筑——万物筑造皆有可能

目前，无论在国内还是国外，尽管 3D 打印建筑距离成熟化、产业化还有相当的距离，但随着关键技术的突破，用 3D 打印机建造房

屋的案例逐渐增多。

1. 美国："轮廓工艺"3D 技术

由美国宇航局(NASA)与美国南加州大学合作，研发出的"轮廓工艺"3D 打印技术，24 小时内即可打印出 232 m^2 的两层楼房。该技术目前可以用水泥混凝土为材料，并按照设计图的预先设计，用 3D 打印机喷嘴喷出高密度、高性能混凝土，逐层打印出墙壁和隔间、装饰等，再用机械手臂完成整座房子的基本架构。如图 5.10 所示。

(a) "轮廓工艺"原理

(b) 打印过程

图 5.10　"轮廓工艺"3D 打印技术

"轮廓工艺"机器人打印出来的墙壁是空心的，节约了建筑材料，强度系数高过了传统房屋墙壁，而且节省了 20%～25%的资金、25%～30%的建材和 45%～55%的人工成本。在降低成本的同时，该机器人会使用更少的能源，排放更少的二氧化碳，并大大提高了建造速度。美国明尼苏达州一个个人承包商 Andrey Rudenko 及其团队用 3D 打印机在自家的后院打印出一座中世纪城堡。据称该城堡是迄今为止最大的 3D 打印建筑之一，也是世界上首个 3D 打印的混凝土城堡。如图 5.11 和图 5.12 所示。

图 5.11　美国 3D 技术打印的城堡图

图 5.12　3D 打印建筑结构过程

2. 瑞典：建筑构件——大厦圆顶

瑞典建筑公司 Skanska 将 3D 打印的建筑构件运用于其建筑项目——伦敦市区一栋 16 层的大厦上，楼顶有巨大玻璃顶笼罩空中庭院。由于玻璃顶棚结构独特，用铸钢制造节点较为复杂，于是他们运用了 SLS 3D 打印技术，该项技术能够满足该建筑所需要的美学和结构方

面的需求。该项目 3D 打印的应用给建筑师们提供了一种兼具美学与结构功能建筑构件的可能性。打印的建筑构件如图 5.13 所示。

图 5.13　3D 打印的建筑构件(1)

3. 荷兰："莫比乌斯环"和"北运河腰带"

荷兰宇宙建筑公司建筑师简加普·鲁基森纳斯与意大利发明家里恩科·蒂尼计划打印出包含沙子和无机黏合剂的建筑框架，然后用纤维强化混凝土进行填充，建造出天花板并延伸成为地板，同时建造出建筑内部可延伸成外墙的"莫比乌斯环"。如图 5.14 所示。

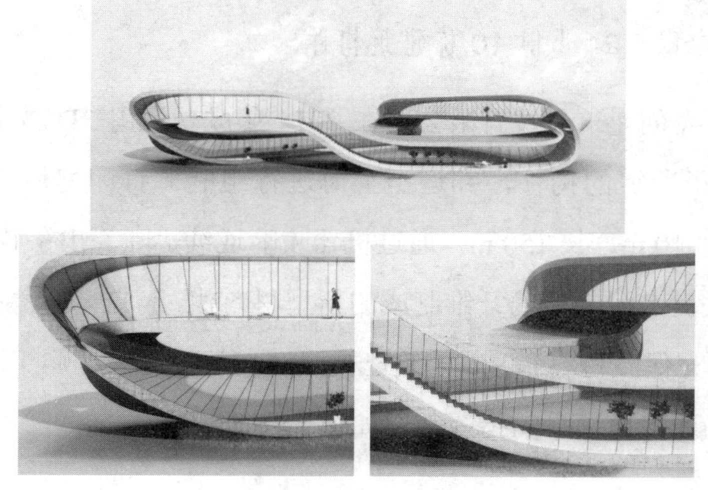

图 5.14　3D 打印的建筑构件(2)

DUS Architects 用一台庞大可移动的 3D 打印机在阿姆斯特丹运河带上建造一栋房子,这栋房子由几个房间组成,每个房间单独打印,之后组装在一起。如图 5.15 所示。

图 5.15 3D 打印的建筑构件(3)

4. 中国：24 小时 10 栋建筑构件

上海盈创建筑科技有限公司在 2014 年成功运用 3D 技术打印了 10 栋房子所需的构件，并运至上海进行组装。打印房屋的机器高 6.6 m、宽 10 m、长 150 m，通过机器喷嘴连续“吐”出条状油墨(由砂石、改良水泥与玻璃纤维制成的新型材料)堆叠成一道墙，墙体中空，可填充保温材料。这些建筑已被张江高新青浦园区购买，用作民惠三期动迁基地项目的指挥部。如图 5.16 所示。

图 5.16　3D 打印的建筑构件(4)

5. 3D 打印建筑的优势

1) 节省资金、材料、人工成本

从建筑领域已使用 3D 打印的案例来看，3D 打印拥有普遍的成本优势。美国的“轮廓工艺”技术能节约 20%～25%的资金，25%～30%的建材和 45%～55%的人工。“轮廓工艺”打印出来的墙壁是空心的，虽然质量更轻，但强度系数比传统房屋更高。而中国目前居于全球领先地位的 3D 打印建筑技术与传统建筑方式相比，可以节省 60%左右的建材，80%左右的人工，工期会缩短 70%，同时材料能做到 C80 以上的强度，高于普通房屋 C20 或 C30 的标准。机械的标准化流程杜绝了偷工减料，同时减少了材料的浪费，以此节约了建材和人工的成本，并保证了质量。

2) 提高生产效率的同时就地取材

绿色环保 3D 打印主要由机器把控，其比用传统建筑技术建造速

度要快十倍以上，在减少了建筑工人的同时，提高了生产效率。盈创公司使用的材料“油墨”是建筑垃圾的再利用，可以就地消化当地建筑垃圾。同时由机械手臂制造的基本构架能够减少材料的浪费，不会产生建筑垃圾。预计，当 3D 打印应用到城市建设的各个领域时，建筑能耗能从 70%下降至 30%。

3) 可将建筑业的发展方向往装配式建筑引导

3D 打印技术在制造结构独特、复杂的建筑构件上有天然的优势。该技术能够满足设计师美学与建筑结构方面的需求，并容易地打印出其他方式很难建造的高成本曲线建筑。这可能使建筑业的方向更多地往装配式建筑发展。

4) 低层建筑的应用前景良好

鉴于 3D 打印机在低层建筑中在资金、材料、人工成本上的优势，使得 3D 打印在低层建筑中的应用前景令人看好。像棚户区改造、城镇化建设的过程中需要许多层数低、同质化、高质量的建筑，3D 打印在综合成本、生产效率和节能环保上的优势便能很好地体现出来。3D 建筑打印为房屋的定制化提供了可能，只要找专业设计人员设计好房屋造型，电脑会自动完成后续工作。

5) 高层建筑的未来应用方向

虽然说 3D 打印使用的混凝土相对于传统的混凝土强度更高，但别墅与高层房屋的受力结构有较大的区别。别墅层数低，无论水平和竖向荷载都比较小，对于材料的承受荷载能力要求较低，可以通过空间设计来实现。但对于大跨度或者是高层建筑来说，其空间体量大，

荷载程度高，因此对材料要求也高。另外，如何制造大型构件的打印机也是需要解决的问题。所以 3D 技术建造高层房屋还有很长的一段路要走。以下为三个可能的应用方向：

(1) 全尺寸打印。需要建造多大规模的建筑物就制造多大的打印机，但规模越大，3D 打印机制造难度也越大，同时打印的精度和速度都将下降，这是制约 3D 打印机大型规模化发展的一大限制。国外的 D-shape 走的是这条路线。

(2) 分段组装式打印。这种方式也就是将整个建筑模块化，在工厂将建筑模块打印好，最后到现场一起组装。曾一度占据桌面级 3D 打印机销售排行榜首位的 MakerBot 也有意走这样的路线。模块化的好处是解决了产品和产品模块尺寸的问题，但现场组装涉及密集劳动，这就提高了产品生产的成本。材料的选择和结构的轻量化便成为这个模式的要点。国外的 Softskill Design 是这个模式的代表，工作室在今年初首次建立了 3D 打印房屋的概念。

(6) 群组机器人集合打印装配。由若干个小型机器人共同执行任务，这样机器人的尺寸便和房屋结构无关，同时机器人的智能要求也会降低。但群体智能方式当前还较难实现。

5.4　3D 打印教育——抓住想象力

英国著名教师戴夫怀特曾经说过：如果你能抓住学生的想象力，你就能抓住他们的注意力。我们传统的教学课程理论性太强，大多概

念抽象难懂，学生缺乏兴趣，而 3D 打印可以让枯燥的课程变得生动起来，它是一种同时拥有视觉和触觉的学习方式。

近两年，随着 3D 打印技术的发展，各类“3D 打印课程”在全国各地中小学中如雨后春笋般开展，3D 打印在教育领域中的应用受到社会的广泛关注，越来越多学校参与到 3D 打印教育领域的创新改革和探索中。在国务院三部委联合发布的《国家增材制造产业发展推进计划(2015—2016)》中，把 3D 打印技术发展规划列入国家战略高度，并重点强调了 3D 打印在教育应用中的推广和普及。由此可以窥见，3D 打印技术在不久的未来必将会成为教育领域主流之一。

3D 打印在全球工业市场已有大量运用，但在教育领域还只是刚刚开始。3D 打印技术在教育领域中的运用则存在无限可能。可喜的是，最近两年中国各类教育机构对 3D 打印的“刚性需求”启动，并呈爆发式增长。与教育相结合，也被认为是中国 3D 打印克服设计和应用环节瓶颈的突破方向之一。

在中国制造业转型及全民创业创新的浪潮中，3D 打印似乎在这里寻找到契合自身特性的生存空间——能够鼓励创意、滋生创新的文化氛围，并对未来潜在的使用者进行了启蒙教育。

3D 打印教育市场全方位的升温或有其必然性，因为它顺应了中国制造业的转型与创新创业的浪潮。自上而下的政策引导，对创新型教育体系的建立发挥了强烈的指引作用。

3D 打印机这一智能设备走进校园，也是智能化教育的又一新的

尝试，3D 打印可以将学生的创意、想象变为现实，这将使得学生在创新能力和动手实践能力上得到训练，必将更加有效地促进教育活动的智能化。我们可以试想一下，在数学课上，打印出一个几何体的模型，便可以更直观地帮助学生了解几何内部各元素之间的联系，解析几何的大题是不是会有更多的人解出？语文课的老师引导学生 3D 打印出活字印刷的教具，学生是不是可以通过现实生活中切实的体验，更好地理解古文中的科技发明呢？而在美术课上，将平面设计的作品制作成 3D 版本的艺术品以及一些基本的模型，已经成为现实；化学课上，老师可以将含有球棍结构的分子模型打印出来展示，帮助学生理解化学反应的过程；生物课上，打印出细胞、病毒、器官和其他重要的生物样本，比起平面图要直观得多；而在地理课上，相比传统课堂中老师们使用的挂图、PPT 图片等平面教学工具，3D 打印的地形地势模型更具立体感和触觉感，可以帮助学生快速识别和学习不同的地理特征。

西安培华学院举办的全国大学生 3D 打印机组装大赛(如图 5.17)迎来了众多大学的参赛队伍参加比赛，学生们兴趣高昂。

图 5.17　西安培华学院举办全国首个大学生 3D 打印机组装大赛

中国的传统教育是应试教育，很少开设培养学生“创新精神和创造力”的课程，纯粹的理论学习使学生的大脑僵化，现在，越来越多的教育专家建议学校应多开设一些集创意设计和动手实践于一体的“边学边做”的智能化课程。老师可以把较难的物理课中的许多抽象概念通过让学生动手设计一些由 3D 打印组件组成的小装置，使之变成有趣的课程，提高学生们的兴趣。

每个学生都是天生的创造者，都潜能无限，发展无限，自由地发现与创造是他们生命的需要。在一些欧美发达国家，3D 打印已成为智能教育领域的主流应用。据报告，在美国几乎所有的大中小学已经开设了 3D 打印的课程，成为培养青少年创新意识、技术手段的重要途径。英国政府高官也表明3D打印将成为学校标准的教学内容配置。西安培华学院开设的暑期大学生 3D 打印课程就受到不少学生的好评，报名参加者踊跃。图 5.18 为教师正在讲课的图片。

图 5.18　西安培华学院暑期大学生 3D 打印课程

有媒体报道，3D 打印技术将对教育行业产生颠覆性的影响。笔者认为，这样的新闻标题多少有点吸引眼球的味道。在未来教育中，

人们更愿意把 3D 打印看作是一个教学载体。也就是说，相比于打印机的操作应用，我们更关注 3D 打印机及 3D 打印技术本身的内涵。在西安培华学院，老师和学生已经做了很多方面的技术创新；基于 3D 打印技术，师生们需要进行很多后续的设计和开发工作。技术如果能够与学校传统教育产生良性互动，将在原有课程中发挥更科技化的辅助作用。同时，3D 打印所滋养的创新创造氛围，或是中国传统教育体系迫切希望弥补、并与职业教育需求对接的亮点。3D 打印作为智能制造的强大工具，能够帮助高校师生和企业技术人员及其他有兴趣的人员，将创新设计的零件或产品快速成型，必定对国内制造业研发水平和生产效率产生深刻影响。

5.5　创客 DIY——新工业革命的启蒙

3D 打印受到越来越多的关注，除了 3D 打印行业本身的宣传和媒体的报导外，一定程度上要归功于一个群体，这就是创客。

一般认为“创客”是对“Makers”的巧妙中译。正如其英文旧意，在创客概念传入中国的早期，被许多人认为是 DIY 爱好者的时尚称号。创客一词的诞生与近年来“某客”、“某族”、“某友”在汉语中的流行有关，比如“Geek”被译为“极客”。显然，“Maker”译为“创客”是再好不过的，虽然看起来“Creator”(创造者)更适合这个中译。在国外，Maker 和 Hacker(黑客)的意义有一定交叉，“Hacker space”就指创客空间。创客在中文界流行开之后，就很难说它应该对应什么英文了，中国文化已经赋予了它更为本土的涵义。在西方，Maker 和 Hacker 的意义也同样因为这场“运动”而有了极大的扩展。

从字面看，创客倾向于动手制作。维基百科上说“创客是一群酷爱科技、热衷实践的人群，他们以分享技术、交流思想为乐”，百度百科上说创客是“不以盈利为目标，努力把各种创意转变为现实的人”。创客们会使用 3D 打印机、数控机床、电子电路、激光切割机、3D 智能数字化技术等功能强大的数字桌面工具进行创造。创客，既是工具的发明者，也是工具的使用者。世界，正在因为他们而改变。

3D 打印技术 30 多年前就已经诞生，但由于技术的复杂性，一般只在一些大型实验室中使用。直到 2008 年，一名英国创客 Adrian Bowyer 发布了第一款开源的桌面级 3D 打印机 RepRap，并把机械设计图纸、电路图纸、控制源代码无偿在互联网共享，经过创客们不断地改进，3D 打印机的成本已经由原来的几十万到现在的几千元，大大降低了普通大众接触 3D 打印的成本，使 3D 打印真正进入了大众的视野。

5.6　未来趋势——一切将超乎想象

1. 突破技术局限

除了通用和福特这样将 3D 打印技术规划进程大肆曝光的公司，还有很多企业选择安静地进行技术研发，并且取得了不少令人惊叹的成绩，如硅谷创业公司 Carbon3D 公司推出的 CLIP 光固化打印机把

打印速度提高了 100 倍。据了解，未经宣传曝光的 3D 打印突破性技术不止一个，它们有的涉及到 3D 打印耗材，有的是 3D 打印设备，它们一经应用，必将激起整个领域的改革。

2. 科技巨头带来革命性创新

包括微软、苹果、谷歌在内的 IT 科技巨头纷纷推出自己的 3D 打印相关项目和研发计划，必然导致全球更多的资源和人才流入到 3D 打印领域，给行业带来革命性的变化和创新。

3. 接地气的商业应用尝试

2015 年，国内 3D 打印领域引发最大轰动的是一款制作煎饼的 3D 煎饼打印机。只要在电脑中输入文字或图片，就可打印出人像、建筑、卡通人物等各种形状的煎饼(如图 5.19 所示)。该项目获得了知名投资人真格基金徐小平千万元投资。类似 3D 打印+传统行业的商业尝试将越来越多。

图 5.19　3D 打印煎饼作品

4. 更广泛的医疗应用

2015 年，国家食药监局出台政策法规对 3D 打印技术进行规范化，3D 打印在医疗行业正在获得不断的变革。最近 5 年投资界对于 3D 打印的追捧使得 3D 打印技术与材料进入了高速增长期。其中，可以适用于骨科手术辅助与植入的材料就包括 ABS、PLA、PEEK、PA12、PA 6-6、钛合金、纯钛、不锈钢、镍钴合金等，使得越来越多的医疗应用能使用到 3D 打印材料，从导板到假体，从康复器械到牙冠，以及未来的细胞打印技术。图 5.20 是一款 3D 打印心脏模型。

图 5.20　3D 打印医疗辅助性心脏模型

5. 3D 打印思维：新的制造业思考方式

北京三帝打印董事长宗贵升博士认为："如果类比互联网所具有的网络、智能传感器、类自然网络的特点，3D 打印可实现云制造、材料优化利用仿生设计，具备与互联网类似的联通性、资源效率、学习自然的属性，或将成为下一个互联网式的革命。3D 打印要实现突

破性进展，不仅要靠技术的进步，更需要一批有 3D 打印思维的人群。”3D 打印思维是在德国“工业 4.0”和中国“互联网＋制造业”新模式下，对产品需求、设计、研发、制造、物流、售后，以及产业价值链进行重新思考和定位的一种思考方式。基于目前 3D 打印技术已经在工业产品设计、个性化产品制造、复杂结构产品制造等方面的广泛应用，新的制造业思考模式显得尤为重要。3D 打印思维至少包含自由设计思维、快速制造思维、集成化整合思维、创新兼容思维、市场需求思维、平台产业创新思维。

6. 物联网 + 3D 打印

也许你曾设想一种生活：在某一个忙碌的午后，埋头工作的你突然间想起今天是孩子的生日，可是马上就要去开一个很重要的会议，你完全没有时间去为孩子选一个特别的蛋糕或者买一份特别的礼物。然而，你并没有为此而感到焦躁，而是拿出手机，打开某一个应用，设计了一款蛋糕并将开源文件下载下来，然后点击开始打印。这个时候，远在家里的食品 3D 打印机就开始预热工作了。六七个小时后你拖着疲惫的步伐回到家里，看到孩子捧着蛋糕笑得天真灿烂，你觉得这所有的辛苦都是值得的。

这一画面确实很美。我们描绘的也正是一种智能的、更便捷的未来生活。也是物联网结合 3D 打印技术将给我们带来的变化。《未来社会生产模型》一书中说过这样一句话：“不可否认，3D 打印出现在技术迅速变革更替、新技术不断出现的历史时期。信息化技术、数字

化技术、互联网技术的迅速发展，促使着这个时代开始考虑未来社会的模型。”

毫无疑问，3D 打印技术的迅速崛起正是在信息技术迅速发展的时期。3D 打印在宣传和评估过程中，也被加入物联网的因素。物联网给 3D 打印带来什么可能性，亦或者说融合物联网技术的 3D 打印会有什么样的力量或者结果，这是必须要做的一门功课。否则，这将是一种概念的炒作。研究物联网，会有所发现么？那么首先我们有必要再次认识什么是物联网。

物联网是一种信息技术，它通过各种现实的信息传感设备，实时采集需要监控、连接、互动的物体或过程与互联网联接起来，以实现智能化的识别、定位、追踪、监控和管理的技术。物联网是一种物物相息的技术。从内涵上讲，它是一种数据采集、处理和管理的技术，核心是数据的智能化管理和应用。

通过物联网的定义，我们要找出物联网的核心的话，你会发现上述描述是如此的晦涩难懂。但毋庸置疑的是，物联网是智能工业的核心关键技术这一点是被广泛认可的。物联网在某种层面，可以理解为智能工业的“大脑”。换句话说，物联网在制造一个“轻量化的系统”。

回到我们最初的问题，我们通过联系实际的 3D 打印制造系统或虚拟化的模型打印管理系统，从而将这个过程简单地描绘成“物联网+3D 打印”。这里面，物联网是虚拟化的生产管理系统，3D 打印是实际的制造系统，二者的结合就是一个轻量化的制造体系。人机互

动是人利用基于 3D 打印的这种生产模式进行生产的过程。在这里，我们想补充强调一点，其实广义的虚拟现实技术可以描述为 3D 打印技术，涵盖产品 3D 设计、生产过程仿真等，这就是 3D 打印的初级表现形式。

“物联网”作为现代化产品一项重要的元素，越来越多的消费品被安装上传感器或者其他电子部件。未来，运用人工智能设计产品将成为主流，而这些智能产品的很多部件目前只能用 3D 打印制作出来。SDM 公司的 CEO 乔•埃里森在《3D 打印即将给制造业带来的影响》一文中写道：“今天，3D 打印仍被看作一个技术解决方案，但未来的 3D 打印将是一个商业解决方案。”2015 年，3D 打印已走下神坛，开始从技术到商业、概念到实际的转变，但客观上来讲，3D 打印行业大肆吹嘘的言论仍然不少，在新的一年里，相信 3D 产业将摆脱这个怪圈，推出真正引人入胜的实际应用。

2016 年无疑是 3D 打印行业的又一个重要转折点，随着 3D 打印材料价格的大幅度降低，越来越多的个人创客、设计师、企业工程师和科研人员正在使用新技术制造他们的产品。

7. 分布式制造：3D 打印与大数据

未来的制造业一定是在线的，也是在你自家客厅的。

技术以超乎人们想象的速度在发展，大数据技术现在已经被应用在了很多领域，不单单是 3D 打印行业。通过这种跨界方式的技术联合，能够更全面地为用户提供优质的综合解决方案，这才是现在广大使用者所希望看到的。

过去 15 年，阿里巴巴依靠云端服务器改变了整个计算机世界，让企业在网络上找到需求量。可以预估的是，制造业也将走上这条路，只是时间长短的问题。2016 年，国内已经涌现了很多工业 4.0 云制造工厂。2017 年，将有更多的传统制造商转型，宣布建造这样一种系统。

大数据技术中有一项应用很广泛的技术，就是我们常说的分布式计算，这种技术与 3D 打印相结合，也就诞生出了现在业内已经被开始应用的“分布式制造”的概念。

分布式制造技术正在朝着改变人类制造和交付产品的方式而努力。传统的制造业，制造商将原材料聚在一起，在大工厂中完成装配作业，随后再将产品交付到消费者手中。但在分布式制造中，原材料以及装配方式是分散式的，最终产品的生产过程贴近最终消费者。

我们传统的制造模式在设计阶段存在着大量的设计作品浪费现象，这使得企业很难准确把握住市场的具体需求。此外，产品在生产流通过程中会消耗大量的资源，在生产之前，原材料通过物流环节送到工厂，在生产过程中，主要采取模具铸造和机械加工等方法，其造型能力受制于所使用的工具，物体形状越复杂，制造成本越高，而对于曲面复杂程度很高的设计物体，传统制造能力常常显得无能为力。

同时，在消费端，产品并不一定能真正满足用户的所有需求，让用户真正喜欢，用户能接受是因为没有更多的选择。特别是用户需要的个性化定制的产品，传统制造方式因为成本原因很难现实。

3D 打印技术为人诟病的一个显著缺点是成型速度慢，然而在分

布式制造的基础上，产品生产的单位时间消耗变得无足轻重，1 万个分布式制造点生产出单个成品，与 1 万个成品在 1 个加工厂制造，其产能是一样的。而且基于 3D 打印技术的分布式制造无需仓储、物流的环节。打造分布式制造点，要解决的核心问题之一，就是 3D 打印的模型数据，必须拥有以覆盖全行业的庞大的设计作品为基础的设计师平台。橡皮泥团队 2012 年在美国创建的时候，当时就发现 3D 模型数据为行业需求的痛点，团队在第一时间建立了面向中国 3D 打印创客的 3D 打印设计师平台，利用团队以及线上的设计师一起为用户提供 3D 打印模型资源。同时，我们对基于橡皮泥网的线上优势，实时连接一百多个行业的设计师，以满足不同用户的定制需求。

在基于大数据技术的分布式制造平台上，任何人即使不具备建模的知识，但只要有产品设计的创意，就可以和设计师进行实时沟通，设计出自己想要的数字 3D 模型，然后通过 3D 打印机来实现，同时还能够保证设计师盈利和打印机拥有者有二次创业的机会。一旦解决了这些问题，互联网与制造业就可以产生关联，而比特世界和原子世界也就真正意义上发生了联系。有了沟通有效的设计师平台，通过互联网的社交流量优势，创新思想就可以得到充分实现。

从本质上来讲，基于 3D 打印的分布式制造的想法，目的就在于更多地利用数字信息取代原材料的供应链条。比如，制造一辆自行车，无需通过建造大规模流水生产线加工零部件，在集中化的车间中装配成自行车，然后分销到世界各地的用户手中。而在数字方案中，生产零部件的任务被分配到当地的 3D 打印中心，利用电脑控制的 3D 打印设备完成制造，随后，部件的组装任务可以由消费者完成，也可以通过当地的装配车间来完成，最终自行车成型并完成交付。目前，国内橡皮泥 3D 打印云平台(Simpneed.com)已经开始尝试这样做了。图 5.21 为用 3D 打印技术制造的模具。

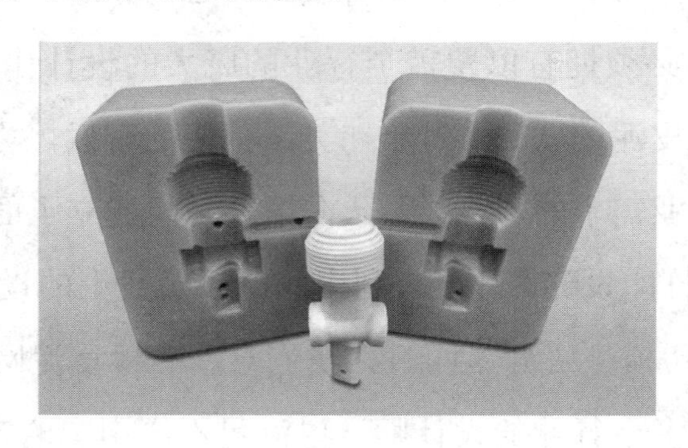

图 5.21　用 3D 打印技术制造的模具

随着 DIY 制造业的兴起和发展，分布式制造技术找到自身生长的土壤。一些分散在全球各地的创客们利用他们的 3D 打印机，使用当地的原材料来生产产品。其实，这种观念中夹杂了开源的思路，一方面，用户们能够按需求和偏好定制产品；另一方面，一些新的产品应用市场在这种万众创新的模式下产生了。未来，产品设计中的创意元素将会越来越多；越来越多的人将参与到产品的可视化设计与制造过程中来，产品的更新迭代也将更为迅速。

分布式制造将有望提升资源的高效使用。届时，集中化工厂将会把更多的精力投入到高科技产业研发中去。同时，还降低了市场准入的门槛，因为未来的制造厂商无需再斥巨资配备完整的流水线，以打造出成型的产品来。重要的是，还能减轻制造行业对环境的总体影响；

数字信息将呈现在网络之上，无需以实物的形式呈现；原材料也将更多地来源于当地，进一步降低了交通领域的能源消耗。

对于传统的礼品店、家居类产品店铺来说，利用基于大数据的分布式制造方式来对产品进行生产，有助于一些创意产品设计的快速实现，比如创意手机壳、摆件、饰品，等等。而 3D 打印产品本身，如果与大数据平台相对接，也会产生更大的价值。

以大数据分析平台作为基础，能够让很多 3D 打印产品和项目变得更加“接地气”，通过对广泛的消费人群的局部特征扫描、采样，将信息汇聚到云计算中心，形成规模庞大、可详尽分析的抽象数据，再结合 3D 打印定制化生产的特点和传统制造批量生产的优势，将虚拟的数据对象转化为实体成品。

拿制鞋业来说，通过精确的市场定位，人类的足部三维数据因地域、人种、个体特征等因素差异较大。传统的制鞋模式只能以尺码进行估计，无法对各类足部疾病，如平足、高足弓、先天性足部缺陷等进行长期的数据跟踪。

传统电商的优势主要体现在交易的便捷性上，但用户在交易完成后，很少因为平台本身而产生依赖，同样服务质量的电商，用户的选择余地很大。采用这种“黏合”形式的技术运营模式能够很好地了解用户需求，进而提升用户体验，并最终达到提高用户“黏度”的效果。

如果未来分布式制造技术能够推而广之，它将会扰乱传统的劳动力市场以及传统制造业的经济体系，但它也存在着一定的风险，诸如在医疗领域，远程制造的医疗设备将难以管控，而这也将为民间自行

制造武器创造条件。诚然，并不是所有东西都能通过分布式制造来生产，在重要且复杂的消费产品领域，传统制造供应产业链还将保持重要的地位。

学术界和工业界曾就 3D 打印技术是否会颠覆传统制造业，引发过激烈的争论。笔者个人的观点是，短期内 3D 打印技术在大多数领域，仍将会作为一种补充性制造方式存在。但长远来看，基于分布式制造的新型 3D 打印智能制造将会颠覆当前标准化制造，产品种类将会进一步丰富，如同智能手机与汽车等作为新兴产品的出现。而产品的规格也将不再是制造业的一大衡量指标，因为未来将有越来越多的非标产品被设计和生产。据了解，有一家英国公司 Facit Homes 使用个性化设计和 3D 打印技术，为客户定制了个性化的房屋。未来，产品的功能也将逐步演变成为能够服务于各类市场需求，届时，产品和服务的极大丰富将为人类创造出有别于传统制造业打造的当前世界局面。

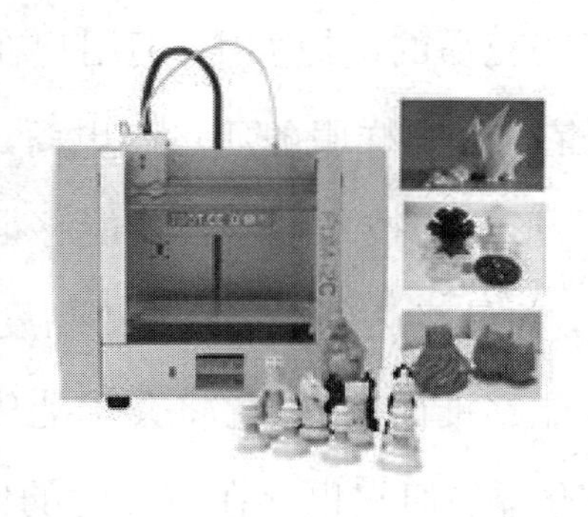

结　语

不论是在中国还是全球，3D 打印技术都在不断地催生制造业的变革，同时也在不断地改变人类现有的生活方式。

在工业应用领域，3D 打印获得了相对较快的发展。然而，在更为广泛和普遍的商业应用与大众消费领域，3D 打印技术还不能像互联网技术一样的快速普及和商业化应用。

的确，目前 3D 打印技术还有很多技术问题需要解决。但是，在人们对新技术还在观望和怀疑的时候，我们要在心中燃起希望的火焰。我们相信，在一代代 3D 打印人的不断努力下，3D 打印的发展将更加迅速，不仅在工业上，在民用上也将发挥不可限量的作用。

技术进步的车轮在向前飞驰，3D 打印正在慢慢地改变传统的制造产业，在向新的模式转变。

这是一次潜移默化的重大变革。

创意的生活才蕴含着最简单的哲理、最真实的情感和最温馨的幸福。

个性化的定制生产方式改变粗放式的规模化制造，也是人类创意生活回归的一种方式。

严进龙

2016 年 7 月 2 日

图书在版编目(CIP)数据

3D 打印：创想改变生活/严进龙，赵述涛，程国建编著.
—西安：西安电子科技大学出版社，2016.10
ISBN 978-7-5606-4308-3

Ⅰ.①3… Ⅱ.①严… ②赵… ③程… Ⅲ.①立体印刷—印刷术—普及读物
Ⅳ.①TS853-49

中国版本图书馆 CIP 数据核字(2016)第 240068 号

策　　划　李惠萍
责任编辑　李惠萍
出版发行　西安电子科技大学出版社(西安市太白南路 2 号)
电　　话　(029)88242885　88201467　　邮　　编　710071
网　　址　www.xduph.com　　电子邮箱　xdupfxb001@163.com
经　　销　新华书店
印刷单位　陕西天意印务有限责任公司
版　　次　2016 年 10 月第 1 版　2016 年 10 月第 1 次印刷
开　　本　787 毫米×960 毫米　1/16　印　张 9.5
字　　数　158 千字
印　　数　1～3000 册
定　　价　19.00 元
ISBN 978 - 7 - 5606 - 4308 - 3/TS
XDUP 4600001-1